随机树模型的概率极限定理

刘　杰　冯群强　著

科学出版社

北　京

内 容 简 介

本书主要基于作者参与的随机树研究成果和国内外重要相关研究,结合具有代表性的研究方法,围绕均匀递归树、随机搜索树、区间树三类模型的概率极限性质展开,系统介绍该领域的研究方法、成果和动态. 全书共8章,包括简介、随机树模型的研究方法、均匀递归树的顶点距离、均匀递归树子树的多样性、随机搜索树的顶点类别、随机搜索树的子树大小、单边区间树、完全区间树.

本书可作为统计学相关领域的研究生专业教材,也可作为数学与统计学高年级本科生、研究生及相关研究人员的参考书籍.

图书在版编目(CIP)数据

随机树模型的概率极限定理/刘杰, 冯群强著. —北京: 科学出版社, 2021.12
ISBN 978-7-03-070900-4

Ⅰ.①随… Ⅱ.①刘… ②冯… Ⅲ.①随机-树(数学)-数学模型-概率-极限定理 Ⅳ.①O157

中国版本图书馆 CIP 数据核字(2021)第 258442 号

责任编辑: 姚莉丽 李 萍 / 责任校对: 杨聪敏
责任印制: 张 伟 / 封面设计: 陈 敬

科 学 出 版 社 出版
北京东黄城根北街 16 号
邮政编码: 100717
http://www.sciencep.com

北京中科印刷有限公司 印刷
科学出版社发行 各地新华书店经销
*
2021 年 12 月第 一 版 开本: 720×1000 1/16
2023 年 1 月第二次印刷 印张: 10 3/4
字数: 217 000
定价: 75.00 元
(如有印装质量问题, 我社负责调换)

前　　言

　　树作为一种典型图结构, 被广泛应用于计算机科学的数据结构等领域中, 并经过近年来的蓬勃发展, 基于树研究应运而生了很多算法. 随着计算机和网络的发展, 很多图和树的顶点及边出现不确定的情况, 于是, 图论和概率论就很自然地进行学科交叉进而产生随机图论. 随机图论可以应用于随机网络、随机搜索、计算机的数据存储和检索、传染性疾病或者病毒的传播及控制等. 随机树作为随机图的重要基础类别, 与计算机科学的联系尤为紧密.

　　研究随机树的极限性质有着重要的意义, 包括大数定律和独立同分布随机数序列的中心定理, 有关随机树的泛函中心极限定理以及像随机树节点的度、数目的矩、子树形状等这类特征的极限研究. 研究随机树极限的意义在于从概率论的角度揭示各个学科中可以抽象成树的随机结构的内在特点, 对提高数据存储、搜索、排序的速度有一定的指导作用等. 本书主要基于作者参与研究的有关随机树的成果以及国内外的部分重要相关研究, 结合具有代表性的研究方法, 围绕均匀递归树、随机搜索树、区间树这三种随机树的极限性质展开, 系统介绍该领域的方法、成果和动态.

　　全书共 8 章. 第 1, 2 章介绍了图论的基本概念, 概述随机树模型的极限性质研究的进展, 并引入了研究极限性质时所需要的几种概率距离以及生成函数. 第 3 章介绍了均匀递归树的顶点距离, 运用极限理论中的典型的正态逼近法, 证明了满足一定条件的顶点间距离具有渐近正态性. 第 4 章考虑了均匀递归树位于树边缘的各种大小和形状的子树, 利用压缩法证明适当归一和收缩的子树的数目是服从正态分布的. 并利用解析方法讨论了子树的个数. 第 5 章讨论随机搜索树的顶点类别, 运用压缩法证明随机二叉搜索树叶点数目的渐近正态性. 第 6 章主要讨论了随机二叉搜索树上不同大小的子树和与给定某个二叉树同构的子树, 利用递归分布等式, 给出它们各自数目的期望和方差, 并用压缩法得出了它们的中心极限定理. 接着讨论了子树多样性的问题, 展示了如何计算临界、次临界和超临界情况下的极限分布. 第 7 章详细讨论了各种单边区间树的大小和最大间隔, 得到这些单边区间树上的最大间隔的极限分布或满足的方程. 第 8 章建立了完全区间树的概率空间, 讨论了完全区间树大小的矩, 得到在概率空间中完全区间树顶点数目的大数定律和极限分布等.

　　本书可作为统计学高年级本科生的知识拓展参考教材, 也可作为概率方向研究生相关课程的教材, 或者作为概率极限理论研究兴趣者的参考书. 本书作者是中国科学技术大学管理学院教师, 借此机会感谢胡太忠教授提出的有益建议, 感谢赵家杨、丁靖芝、叶方娟、王澎翼为本书语言组织方面给予的帮助, 感谢中国科学技术大学管理学院对本书出版的支持, 感谢国家自然科学基金 (No: 71771201, 71871208, 71874171, 11771418, 72071193, 71631006, 71991464, 71731010, 71971204) 和安徽省自然科学基金等科研项目的资助.

由于作者的水平有限, 书中可能有不妥之处, 望学界同行专家和广大读者不吝赐教.

作　者

2021 年 8 月

记　　号

$\mathbb{N}$	自然数集
$\ln x$	以 e 为底的自然对数, $e = 2.718281\cdots$
$\lfloor x \rfloor$	地板函数, 即小于实数 x 的最大整数
$\lceil x \rceil$	天花板函数, 即大于实数 x 的最小整数
γ	Euler 常数, $0.577215\cdots$
H_n	第 n 个调和数, 即 $H_n = 1 + 1/2 + \cdots + 1/n$
$s(n,k)$	第 n 个 k 阶第一类 Stirling 数, 即 $\prod_{j=0}^{n-1}(x+j)$ 中 x^k 的系数
$\left\{ \begin{matrix} r \\ s \end{matrix} \right\}$	第 r 个 s 阶的第二类 Stirling 数
$x^{\underline{m}}$	阶乘 $x(x-1)\cdots(x-m+1)$
$[z^n]$	提取第 n 个系数的算子
$f(n) \sim g(n)$	当 $n \to \infty$ 时, 两函数的比值 $f(n)/g(n) \to 1$
$\lvert A \rvert$	集合 A 的势, 即其中所有元素的总数目
$I(A)$	事件 A 的示性函数
$[\![A]\!]$	断言 A 的 Iverson 括号
$\boldsymbol{A}(D)$	图 D 的邻接矩阵
$\boldsymbol{M}(D)$	图 D 的关联矩阵
ζ_s	s 阶 Zolotarev 距离
$\mathbb{T}_n$	含有 n 个顶点的根树
$\mathcal{T}_n$	大小为 n 的随机二叉搜索树
$\mathcal{L}(X)$	随机变量 X 的分布
X_n	$\mathcal{T}_n$ 中, 叶点的数目
$X_n^{(1)}$	$\mathcal{T}_n$ 中, 只含有一个子点的顶点数目
$X_n^{(2)}$	$\mathcal{T}_n$ 中, 含有两个子点的顶点数目
S_x	由区间 $(0,x)$ 生成的完全区间树中所有顶点的数目
$P_n := P(n, \Gamma)$	大小为 n 的随机二叉搜索树上与 Γ 同构的子树数目
$D_{i,n}$	大小为 n 的均匀递归树中, 顶点 i 和顶点 n 间的距离
H_x	随机树上顶点到根点的最大距离 (树的高度)
M_x	单边区间树的最大间隔
$S_{n,k}$	大小为 n 的随机树中大小为 k 的子树数目之和

$\overset{\mathcal{D}}{=}$	同分布
$\overset{\mathcal{D}}{\longrightarrow}$	依分布收敛
$\overset{\text{a.s.}}{\longrightarrow}$	几乎必然收敛
$\overset{\mathcal{P}}{\longrightarrow}$	依概率收敛
$f \overset{\text{egf}}{\longrightarrow} \{a_n\}_0^\infty$	序列 $\{a_n\}_0^\infty$ 的指数生成函数 f
$\mathcal{L}(X)$	随机变量 X 的分布函数
$\Phi(u)$	标准正态 $\mathcal{N}(0,1)$ 的分布函数
$\text{Be}(p)$	参数为 p 的 Bernoulli 分布
$\text{Poi}(\lambda)$	参数为 λ 的泊松分布
$\mathcal{N}(\mu, \sigma^2)$	期望为 μ, 方差为 σ^2 的正态分布

目　　录

第一部分　均匀递归树的极限性质

第二部分　随机搜索树的极限性质

第三部分　随机区间树的极限性质

第 1 章 简　介

图和图的理论曾经被很多数学家独立地建立和研究过，从瑞士数学家 Euler (1736) 解决 Königsberg 七桥问题，到 Kirchhoff (1847) 为解电网络中的一类线性方程组而提出了树，再到 Hamilton 在设计一个游戏时提出图论中的 Hamilton 问题，直到，数学家 Sylvester (1878) 第一次用到图 (graph) 这个词. 图论经过逐渐地发展，现在已经成为一门独立的学科，有深入的理论体系和广泛的应用价值，在化学和物理学 (例如：电网络) 以及计算机科学中都有众多应用，也给这些学科的发展提供了很好的处理工具和新的思考方法.

树作为一类最简单而又重要的图，其概念及其理论是 Kirchhoff(1847) 和 Cayley(1857) 分别独立提出的，然后经过多年的积累，现已得到了蓬勃发展. 树可以被用来求解有机化学中不同原子和化学键之间的连接等问题，例如：给定碳原子数为 n 的饱和碳氢化合物 C_nH_{2n+2} 的同分异构物种类的计数问题. 基于树的研究，也应运而生很多算法，比如：Prim 算法 (Prim, 1957)，Kruskal 算法 (Kruskal, 1956)，Moore-Dijkstra 算法 (Moore, 1957; Dijkstra, 1959)，这些算法在解决最短路问题和最小连接问题方面都发挥了很好的作用.

随着计算机和网络的发展，与其相关的很多图和树的问题不再是原先考察的那样——有固定顶点和边，很多时候顶点和边都是不确定的，于是，图论和概率论就很自然地进行了学科交叉，产生了随机图论. 随机图论可以应用于随机网络、随机搜索、计算机的数据存储和检索、传染性疾病或者病毒的传播及控制等. 随机树作为随机图的一种，与计算机科学的联系尤为紧密，后面我们将详细介绍.

本章中，我们先给出图论以及随机图论中的一些概念和研究背景，并简要介绍不同的随机树模型以及它们的极限性质.

1.1　基本概念

1. 图论中的基本概念

图是指有序三元组 $G := (V, E, \psi)$，其中 V 为非空顶点集，E 为边集，ψ 是 E 到 V 中元素有序对或无序对簇 $V \times V$ 的函数，我们称之为关联函数. V 中元素称为顶点，E 中元素则称为边，ψ 刻画了边与顶点之间的关联关系.

根据 $V \times V$ 中元素的不同可以将图分成有向图和无向图, 若 $V \times V$ 中元素全是有序对, 则称该图为有向图; 若 $V \times V$ 中元素全是无序对, 则称该图为无向图. 有向图中的边称为有向边, 因此, 有向图可以根据有向边的方向将顶点分成起点和终点, 在无向图中, 由于 $V \times V$ 中皆是无序对, 故没有起点和终点之分, 简称为顶点即可. 一般地, 我们可以将图表示成 $G = (V(G), E(G), \psi_G)$, 有时也简写为 $G = (V, E)$.

设 G 是一个图, 我们通常用 $V(G)$ 表示 G 的顶点集, $E(G)$ 表示 G 的边集, $|V|$ 和 $|E|$ 分别表示图 G 的顶点数 (或阶) 和边数. 若 $e \in E(G)$, 则存在 $x, y \in V(G)$ 和有序对 $(x, y) \in V \times V$, 使 $\psi_G(e) = (x, y)$, e 称为从 x 到 y 的有向边, x 称为 e 的起点, y 称为 e 的终点, 统称为边 e 的端点. 特别地, 若 G 是无向图, 有序对 (y, x) 和 (y, x) 则表示同一个元素, 通常简记作 $\psi_G(e) = xy$ 或 yx. e 称为连接 x 和 y 的边.

如上定义的图可以用图形表示出来, 每个顶点用一个点 (实心或者空心皆可) 来表示, 有向图中的每条边用一条从起点对应的点连接到终点对应的点的有向曲线段来表示, 无向图中的每条边用一条连接两端点对应的点之间的线段来表示, 最后得到的图形称为图的图形表示. 图形表示比较直观, 而且有助于我们理解图的许多性质. 下面我们分别给出一个有向图和一个无向图的函数表示及与之对应的图形表示.

对于有向图 $D = (V(D), E(D), \psi_D)$, 其中,

$$V(D) = \{x_1, x_2, x_3, x_4, x_5\},$$
$$E(D) = \{e_1, e_2, e_3, e_4, e_5, e_6, e_7, e_8, e_9\},$$

ψ_D 定义为

$$\psi_D(e_1) = (x_1, x_2), \qquad \psi_D(e_2) = (x_3, x_2),$$
$$\psi_D(e_3) = (x_3, x_3), \qquad \psi_D(e_4) = (x_4, x_3),$$
$$\psi_D(e_5) = (x_4, x_2), \qquad \psi_D(e_6) = (x_4, x_2),$$
$$\psi_D(e_7) = (x_5, x_2), \qquad \psi_D(e_8) = (x_2, x_5),$$
$$\psi_D(e_9) = (x_3, x_5).$$

图 1.1 即为有向图 $D = (V(D), E(D), \psi_D)$ 的图形表示.

对于无向图 $H = (V(H), E(H), \psi_H)$, 其中,

$$V(H) = \{y_1, y_2, y_3, y_4, y_5, y_6\},$$
$$E(H) = \{\widehat{e_1}, \widehat{e_2}, \widehat{e_3}, \widehat{e_4}, \widehat{e_5}, \widehat{e_6}, \widehat{e_7}, \widehat{e_8}, \widehat{e_9}\},$$

ψ_H 定义为

$$\psi_H(\widehat{e}_1) = y_1y_2, \qquad \psi_H(\widehat{e}_2) = y_1y_4,$$
$$\psi_H(\widehat{e}_3) = y_1y_6, \qquad \psi_H(\widehat{e}_4) = y_2y_3,$$
$$\psi_H(\widehat{e}_5) = y_3y_4, \qquad \psi_H(\widehat{e}_6) = y_3y_6,$$
$$\psi_H(\widehat{e}_7) = y_2y_5, \qquad \psi_H(\widehat{e}_8) = y_4y_5,$$
$$\psi_H(\widehat{e}_9) = y_5y_6.$$

图 1.2 即为无向图 $H = (V(H), E(H), \psi_H)$ 的图形表示.

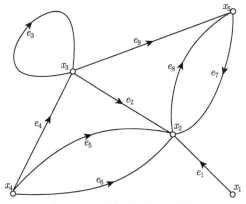

图 1.1 有向图的图形表示

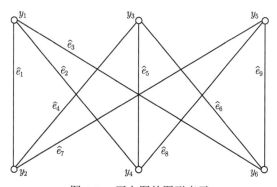

图 1.2 无向图的图形表示

图除了用图形表示外, 也可以用矩阵将图中顶点和边之间的关系完全体现出来, 通常采用邻接矩阵和关联矩阵来表示.

设图 (V, E, ψ) 的顶点集为 $V = \{x_1, x_2, \cdots, x_v\}$, 边集为 $E = \{e_1, e_2, \cdots, e_w\}$,

则图 (V, E, ψ) 的邻接矩阵定义为 $v \times v$ 阶矩阵

$$\boldsymbol{A} = (a_{ij}), \quad \text{其中 } a_{ij} = \varphi(x_i, x_j).$$

对有向图而言, $\varphi(x_i, x_j)$ 表示以 x_i 为起点、以 x_j 为终点的有向边的个数; 对无向图而言, $\varphi(x_i, x_j)$ 则表示图中连接 x_i 和 x_j 的边的数目. 以上述的图 D 和图 H 为例, 矩阵 $\boldsymbol{A}(D)$ 和 $\boldsymbol{A}(H)$ 则分别为它们的邻接矩阵:

$$\boldsymbol{A}(D) = \begin{bmatrix} 0 & 1 & 0 & 0 & 0 \\ 0 & 0 & 0 & 0 & 1 \\ 0 & 1 & 1 & 0 & 1 \\ 0 & 2 & 1 & 0 & 0 \\ 0 & 1 & 0 & 0 & 0 \end{bmatrix},$$

$$\boldsymbol{A}(H) = \begin{bmatrix} 0 & 1 & 0 & 1 & 0 & 1 \\ 1 & 0 & 1 & 0 & 1 & 0 \\ 0 & 1 & 0 & 1 & 0 & 1 \\ 1 & 0 & 1 & 0 & 1 & 0 \\ 0 & 1 & 0 & 1 & 0 & 1 \\ 1 & 0 & 1 & 0 & 1 & 0 \end{bmatrix}.$$

显然, 无向图的邻接矩阵都是对称矩阵, 而有向图则一般不具备这个性质.

图的另外一种矩阵表示, 即关联矩阵, 则更为常用, 因为图常以这种表示形式存储于计算机中. 图的关联矩阵是指 $v \times w$ 矩阵

$$\boldsymbol{M} = (m_{ij}), \quad m_{ij} = m(x_i, e_j),$$

其中, $x_i \in V, e_j \in E$, 并且对有向图有

$$m(x_i, e_j) = \begin{cases} 2, & \text{若 } e_j \text{ 为顶点 } x_i \text{ 上的环,} \\ 1, & \text{若 } e_j \text{ 仅以 } x_i \text{ 为起点,} \\ -1, & \text{若 } e_j \text{ 仅以 } x_i \text{ 为终点,} \\ 0, & \text{其他.} \end{cases}$$

而对于无向图, 则有

$$m(x_i, e_j) = \begin{cases} 2, & \text{若 } e_j \text{ 为顶点 } x_i \text{ 上的环,} \\ 1, & \text{若 } e_j \text{ 不是顶点 } x_i \text{ 上的环, 且 } e_j \text{ 以 } x_i \text{ 为端点,} \\ 0, & \text{其他.} \end{cases}$$

我们同样以图 D 和图 H 为例, 给出它们的关联矩阵 $M(D)$ 和 $M(H)$, 以便与它们的邻接矩阵进行比较.

$$M(D) = \begin{bmatrix} 1 & 0 & 0 & 0 & 0 & 0 & 0 & 0 & 0 \\ -1 & -1 & 0 & 0 & -1 & -1 & -1 & 1 & 0 \\ 0 & 1 & 2 & -1 & 0 & 0 & 0 & 0 & 1 \\ 0 & 0 & 0 & 1 & 1 & 1 & 0 & 0 & 0 \\ 0 & 0 & 0 & 0 & 0 & 0 & 1 & -1 & -1 \end{bmatrix},$$

$$M(H) = \begin{bmatrix} 1 & 1 & 1 & 0 & 0 & 0 & 0 & 0 & 0 \\ 1 & 0 & 0 & 1 & 0 & 0 & 1 & 0 & 0 \\ 0 & 0 & 0 & 1 & 1 & 1 & 0 & 0 & 0 \\ 0 & 1 & 0 & 0 & 1 & 0 & 0 & 1 & 0 \\ 0 & 0 & 0 & 0 & 0 & 0 & 1 & 1 & 1 \\ 0 & 0 & 1 & 0 & 0 & 1 & 0 & 0 & 1 \end{bmatrix}.$$

图论中多数定义和概念都是比较形象的, 可以很直观地表达出它的含义. 边与它的两个端点称为关联的, 两端点之间有边连接或两边有公共的点, 则称它们为相邻的. 两个端点相同的边称为环. 两个端点之间连接的多条边称为平行边. 有公共起点并有公共终点的两条边称为重边, 两端点相同但方向互为相反的边称为对称边.

无环并且无平行边的图称为简单图, 阶数为 1 的简单图称为平凡图, 边数为空的图称为空图, 任何两个顶点之间都有边相连的简单无向图称为完全图, 为方便称呼图中的顶点和边, 我们将它们赋以特定的标号, 这样得到的顶点已确定标号的图称为标号图, 顶点和边都是有限的图称为有限图. 下面我们讨论的图如无特别说明均指简单图.

设 $G_1 = (V(G_1), E(G_1), \psi_{G_1})$ 和 $G_2 = (V(G_2), E(G_2), \psi_{G_2})$ 是两个图, 若 $V(G_2) \subseteq (G_1), V(E_2) \subseteq (E_1)$, 并且 ψ_{G_2} 是 ψ_{G_1} 在 $E(G_2)$ 上的限制, 即

$$\psi_{G_2} = \psi_{G_1} | E(G_2),$$

则称 G_2 是 G_1 的子图, 记作 $G_2 \subseteq G_1$.

设 $G = (V, E)$ 为无向图, $x \in V$ 为 G 上的一个顶点. 与顶点 x 相邻的顶点数称为 x 的度, 记为 $d_G(x)$. (对有向图而言, 图中以 x 为起点的有向边个数称为顶点 x 的出度, 以 x 为终点的有向边个数称为顶点 x 的入度, 它们的和则称为顶点 x 的度.) 如果图 G 的每个顶点的度都是 k, 则称图 G 为 k 正则的. 对图 G 上的顶点 x_0 和 x_j, 若存在另外 $j-1$ 个互不相同的顶点 $x_1, x_2, \cdots, x_{j-1}$, 使得 x_i 和 x_{i+1} 相邻, $i = 0, 1, \cdots, j-1$, 那么就称顶点 $x_0, \cdots, x_j$ 以及边 $x_0 x_1, \cdots, x_{j-1} x_j$

组成了一个长度为 j 的路. 两个端点相同的路称为闭路或圈. 包含图中所有顶点的路称为 Hamilton 路. 一般地, 对任意 $y, y^* \in V$, 若 G 中存在连接 y 和 y^* 的路, 则称 y 和 y^* 是连通的. 若图 G 中任意两个顶点都是连通的, 则称 G 为连通图.

显然, V 中元素之间的连通关系是 V 上的等价关系. 这种关系将 V 划分成若干等价类 $V_1, V_2, V_3, \cdots, V_m$, 则图 $G(V, E)$ 的子图 $G(V_i)$ 称为图 $G(V, E)$ 的连通分支, m 称为图 G 的连通分支数. 特别地, 连通图的连通分支数为 1.

对已知图 G, 顶点 $x \in G$, 由 x 和距离 x 的步长小于 d 的所有的顶点组成的子图, 称为顶点 x 的 d-邻域. 若图 G 非空, 如果能够将图 G 的所有边用 k 种颜色做一个分配, 使得任意相邻的两条边所染颜色都不相同, 则称图 G 是 k 色可染的.

现有两个图 $G = (V, E)$ 和 $G' = (V', E')$, 若存在一个它们的顶点集 V 到 V' 的一一映射 $\phi : V \to V'$, 使得对任意边 $xy \in E$ 当且仅当边 $\phi(x)\phi(y) \in E'$, 则称图 G 和 G' 是同构的.

更多关于图论的基本知识, 可参阅文献 (Bollobás, 1998) 或 (徐俊明, 1998).

随机图指的是边和顶点不确定的图, 即每个边和顶点都分别以一定的概率出现. 其定义如下: 设有 n 个顶点构成的集合 $V = \{v_1, v_2, \cdots, v_n\}$, 对于其中任意两个顶点 v_i 和 v_j, 它们之间以概率 $0 \leqslant p_{i,j} \leqslant 1$ 有边相连, 由此我们一共可以得到 $2^{C_n^2}$ 个不同的图, 以所有这些不同的图构成的集合作为 Ω, 以 Ω 的所有不同子集构成的集合类作为 σ 域 $\mathcal{F}$. 每个基本事件 $\omega_k \in \Omega$, $k = 1, 2, \cdots, 2^{C_n^2}$ 就是一个图,

$$\mathbf{P}(\{\omega_k\}) \;=\; \prod_{i,j=1}^{n} p_{i,j}^*,$$

其中, 当 $i = j$ 时, $p_{i,j} := 1$; 当 $i \neq j$ 时, 若该图中顶点 v_i 和 v_j 是关联的, 则 $p_{i,j}^* = p_{i,j}$; 若该图中顶点 v_i 和 v_j 不是关联的, 则 $p_{i,j}^* = 1 - p_{i,j}$. 那么我们就得到了随机图的概率空间 $(\Omega, \mathcal{F}, \mathbf{P})$. 随机图论发展日新月异, 在众多学科中都有应用, 如数学、计算机科学、物理学、化学等.

2. 树和随机树的基本概念

不含圈的图称为森林. 不含圈的连通图称为树, 通常记作 $\mathbb{T}$. 如将树中的顶点赋以特定的标号, 得到标号树. 若指定某顶点 v_0 为根点, 则称 $\mathbb{T}$ 为以 v_0 为根点的根树. 显然, 树是图的一个特例, 所以, 与树相关的很多概念和定义与图的相同, 我们不再赘述, 仅说明树独具的一些参数的含义.

易知, 树上任意两顶点 v_1, v_2 之间有且仅有一条路相连接, 并且我们把连接 v_1, v_2 的路所包含的边数称为 v_1, v_2 两顶点之间的距离. 树上所有顶点的数目就称为树的大小. 不难知道, 大小为 n 的树恰有 $n - 1$ 条边.

设图 $\mathbb{T}$ 为根树, v_0 为其根点, $\mathbb{T}$ 中顶点 v 和根点 v_0 之间的距离称为 v 的深度或高度. 具有相同深度的顶点组成一个层, 根点 v_0 自己组成一个层, 与根点 v_0

距离为 k 的顶点组成的层称为第 k 层, 该层上的顶点称为第 k 代顶点. 树中所有顶点的深度之和称为路径总长, 树中所有顶点之间的距离之和则称作树的 Wiener 指数. 若根树 $\mathbb{T}$ 上的两顶点 v_1 和 v_2 相邻, 且 v_1 离根点较近, 那么我们称 v_2 是 v_1 的子点, 或者顶点 v_1 是 v_2 的父点. 没有子点的顶点称为叶点. 若顶点 v_1 在连接顶点 v_2 和根点 v_0 的路径上, 且 v_1 离根点较近, 则称 v_1 是 v_2 的祖先, 或者称 v_2 是 v_1 的后代. 以树 $\mathbb{T}$ 中某个顶点作为根点, 加上其所有后代组成的树称作树 $\mathbb{T}$ 的子树. 特别地, 根点 v_0 的子树称为分支.

需要特别指出的是, 一般地, 根树可被看作无向图, 也可被看作有向图. 看作有向图时, 每条边的方向规定为远离根点的方向, 因此, 根树也可被称为外向树.

对于随机图的定义, 它是由图通过顶点间随机连接得到的. 但是, 树是连通的无圈图, 如果按照这个方法将其随机化, 则不能保证连通性. 随机树的定义是有别于随机图的, 它一般来源于现实中的一些背景知识, 不同的随机树的定义方法也不同. 不过基本可以概括如下: 对于含有 n 的顶点的树 $\mathbb{T}_n$, 其顶点集为 $V = \{v_1, v_2, \cdots, v_n\}$, 通过不同连接方法可以得到结构不同的多个树, 由这些树组成的集合作为 Ω, 以 Ω 的所有不同子集构成的集合类作为 σ 域 $\mathcal{F}$, Ω 中每一个树都是一个基本事件 ω_k, 并令

$$\mathbf{P}(\{\omega_k\}) := p_k,$$

其中, $1 \leqslant k \leqslant |\Omega|$, $\sum_k p_k = 1$. 那么我们就得到了随机树的概率空间 $(\Omega, \mathcal{F}, \mathbf{P})$. 在定义了随机树的概率空间之后, 随机树中的参数则自然就成了随机变量, 这正是我们所感兴趣的东西. 而研究随机树的意义在于从概率论的角度揭示各学科中可以抽象成树的随机结构的内在特点.

1.2 随机树模型概述

随机图论的研究起源于 20 世纪六七十年代, 是图论与概率论相互融合的一门交叉学科, 近年逐渐成为热门的前沿研究领域. 随机图论由最初的几类基本模型逐步深入发展, 现在已形成三个主要的分支, 即经典随机图、随机树和随机网络. 其中随机树模型作为随机图的一个重要分支, 起初它的背景主要来自组合数学, 例如随机标号根树、随机无标号根树等. 而现在所考察的随机树模型的背景非常广泛, 例如二叉搜索树、数字搜索树、索回树等来源于计算机算法, 通过对它们的概率分析, 可以对提高数据的存储、搜索、排序的速度起一定的指导作用; 而均匀递归树不仅跟计算机科学中的 Union-Find 算法有关系, 还可以用来模拟传染病的传播, 刻画计算机网络的随机扩张, 等等; 此外, 在有机化学中, 原子之间通过化学键相连, 很多分子的结构也是树状的, 而化学反应就是化学键按照一定的规

律随机断开并重新连接的过程, 所以, 分子族就可以被看作一个随机树族.

随机树是按照某种随机法则生成的树, 到目前为止, 已有的随机树的种类有几十种之多. 下面简要概述本书中主要关注的三种随机树模型: 均匀递归树、随机二叉搜索树, 以及区间树.

1. 均匀递归树

随机递归树是基于很多随机现象和计算机算法的一种结构模型. 它属于非平面增长树. 如果在随机递归树构造过程的每一步中, 都将新的顶点以相等的概率与已有的顶点连接, 那么所得到的随机递归树就称为均匀递归树.

均匀递归树的应用领域极其广泛, 它最早是由 Na 和 Rapoport(1970) 引入用来作为研究某些系统的增长的一种概率模型的. 后来它陆续被用来分析有机物污染的扩散 (Meir and Moon, 1974)、金字塔式配置 (Gastwirth, 1977)、语言学中的谱系结构 (Najock and Heyde, 1982)、因特网的界面地图 (Janic et al., 2002)、计算机网络的随机增长 (Chan et al., 2003). 它还跟一些因特网模型 (van Mieghem et al., 2001; Devroye et al., 2002) 和物理模型 (Tetzlaff, 2002) 有关联. 此外, 它还出现在有关 Hopf 代数的文献中 (Grossman and Larson, 1989).

下面给出一个形如均匀递归树的传染病模型. 假设某个群体中一共有 n 个人先后感染了某种传染病 (例如 SARS), 其中只有一个人去过疫区, 从而他是这个群体的感染源头. 第二个人一定是被他传染的; 由于不清楚传染机制, 所以我们假定第三个人分别以概率 1/2 被前两个人所传染; 一般地, 我们假定第 k 个人以概率 $1/(k-1)$ 被前 $k-1$ 个人所传染, $k = 2, 3, \cdots, n$. 如果我们以顶点 k 表示第 k 个人, 对于 $k \geqslant 2$, 将顶点 k 与传染给他疾病的人所对应的顶点之间连一条边, 那么我们就得到了一个递归树. 由此看来, 研究均匀递归树有利于从一定程度上弄清严重传染病的传播规律.

2. 随机二叉搜索树

随机搜索树包括随机二叉搜索树、随机 Catalan 树、随机数字搜索树. 其中的随机二叉搜索树是一种特殊的树型结构, 它的特点是每个顶点至多只有两个子树 (即随机二叉搜索树中不存在度大于 2 的顶点), 并且, 随机二叉搜索树的子树有左右之分, 树中的顶点的子点同样也有左右之分, 它们的次序不能任意颠倒.

树型结构是一类重要的非线性数据结构, 它是信息的重要组织形式之一, 其中以二叉树最为常用, 通过它可以将数据以数组的形式进行存储, 反之, 对已存储的二叉树, 可以通过不同的方法对树中的数据进行遍历和检索.

随机二叉搜索树是一种自然生长的结构, 它是计算机算法中用途最广和考察最多的数据结构之一, 因此是许多算法 (例如组合排序、分类和搜索算法) 的重要基础. 此外, Quintas 和 Szymański (1992) 还将随机二叉搜索树用来作为有机化学中的分子结构模型. 对于二叉搜索树的众多应用, 我们建议读者参阅文献 (Mahmoud, 2003a; Kirschenhofer, 1983) 或者 (Devroye, 1986).

3. 区间树

区间树产生于区间的随机分割. 我们所要研究的区间树产生于随机搜索 (参阅文献 (Devroye, 1986; Mahmoud and Smythe, 1992) 等). 随机搜索中的一个关键步骤就是对区间进行随机分割, 即按照某种分布在区间内部取点, 将区间分为若干个子区间. 人们通常用树来刻画分割的过程: 将区间对应为根点, 将它的两个子区间分别对应为它的左右两个子点; 再把由子区间所分割出的两个子区间对应为它的左右两个子点; 并一直如此下去, 直到把分割过程中所产生出的所有区间都按照分割关系对应为树上的顶点为止. 按照这种方式所产生出的随机树便称为区间树.

对于与随机分割相关的区间树的研究, 可以参阅文献 (Sibuya and Itoh, 1987; Prodinger, 1993; Fill, 1996; Itoh and Mahmoud, 2003), 等等. 其中, Itoh 和 Mahmoud(2003) 对几种不同的单边区间树作了较为系统的讨论.

应当指出, 区间树按照其产生机制可以分为许多不同类型, 除了本书所涉及的类型之外, 还有其他各种类型. 例如: Aldous 和 Pitman(2000) 考察了质量的随机分割问题, 其中的分割过程是利用泊松过程来实现的. 他们也将质量的分割对应为随机树, 产生出一类参数连续的区间树, 并系统地讨论了这类区间树的各种性质.

1.3 随机树模型的极限性质概述

目前已经有许多文献研究了随机树的极限性质, 例如 Balding 等 (2009) 在随机树的空间中引入一个度量来定义 "平均树" 为最小化到随机树的平均距离的树. 当得到的度量空间是紧的时, 有大数定律和独立同分布随机树序列的中心极限定理. Deák (2014) 描述了极限对象为一个随机的无限根树. Bakhtin (2010) 证明了当树的阶增长到无穷大时, 根的任何有限邻域的分布都收敛到一个极限. Shi 和 Yang (2009) 研究了二阶非齐次马氏链和由树索引的非齐次马氏链的随机转移概率的调和平均的一些极限性质, 得到了非齐次马氏链的随机转移概率的调和平均的性质. Backhausz (2011) 给出了一个泛函中心极限定理. Feng 和 Hu (2011) 应用鞅中心极限定理给出了随机递归树的萨格勒布指数的渐近正态性. 最后, 还讨论了另外两个拓扑指数. Holmgren 和 Jansons (2015) 证明了 (随机) 二叉搜索法树和随机递归树的子树的函数和的一般极限定理, 得到了二叉搜索树或随机递归树中受保护节点数的正态极限定理. Stufler (2019) 建立了随机树模型的 Benjamini-

Schramm 收敛, 并提供了一个一般的近似结果, 它允许极值和加性图参数的大范围渐近性质从 Pólya 树转移到非根树.

对于随机树的节点的度、数目的矩、子树的形状等特征也有许多文章涉及了它们的极限性质, 比如 Javanian(2013) 建立了标度随机递归树中节点度的极限定理, 证明了给定节点的度是渐近正态的. Munsonius 等 (2011) 建立了加权随机 b 元递归树中两个节点间距离的一些泛函的极限定理. Grübel 和 Kabluchko (2016) 证明了随机树的总路径长度的中心极限定理. Stufler (2015) 建立了 Gromov-Hausdorff 标度极限、Benjamini-Schramm 极限以及描述固定根附近渐近形状的局部弱极限. Fuchs (2012) 使用复分析方法导出平均值和方差的精确展开式以及固定 k 的中心极限定理. Fuchs 等 (2021) 导出了均值和方差的渐近性, 并为随机搜索树和均匀递归树这两个树模型的独立数以及控制数的相关参数提供了中心极限定理.

对于均匀递归树极限特征, 由其生长的随机模型可以得到它服从均匀分布: 共有 $(n-1)!$ 种大小为 n 的递归树, 生成每种递归树可能性都相同. 研究者们已经从随机生长而出现的递归树中分析了许多重要性质. 同时, 对于树的均匀分布也有许多基于生成函数和积分变换等方法的研究. Bergeron 等 (1992) 对于递归树的探讨以及涉及固定球加法矩阵的相关模型可参照文献 (Gastwirth and Bhattacharya, 1984; Mahmoud and Smythe, 1991, 1992, 1995; Mahmoud et al., 1993; Janson, 2005). Mahmoud (2003b) 基于固定的 Pólya urns 方案研究了大量类型的树. 此外, Mahmoud 和 Ward(2015) 研究随机递归树中的受保护节点. 这种节点数的精确平均值是通过递推得到的, 同时得到了线性渐近等价式. 其方差的非线性递推表明, 方差也线性增长. 最终得出随机递归树中受保护节点的数量在适当缩放后, 概率收敛到一个常数的结论.

对于随机二叉搜索树的一些参数的性质, Kirschenhofer(1983) 考察了随机二叉搜索树的高度和叶点数目, Panholzer 和 Prodinger(1998) 研究了任意给定顶点的祖先和后代的数目, Devroye 和 Neininger(2004) 得到了任意两个顶点间距离的高阶矩的阶和尾部的界, Mahmoud 和 Neininger(2003) 则得到了任意一对顶点间距离的高斯极限分布, 并刻画了它的收敛速度, Janson(2006) 准确得到了随机二叉搜索树左右子树路径总长差的矩和极限分布. Devroye(2005) 用 Stein 方法研究了随机搜索树上若干参数的渐近性质. 此外, 还有很多学者讨论了随机二叉搜索树的高度, 并得到了它的一些性质, 如期望和方差的渐近式、极限分布等 (更多可以参阅文献 (Devroye, 1986; Drmota, 2001; Drmota, 2003) 等).

区间树是在红黑树基础上进行扩展得到的支持以区间为元素的动态集合的操作, 其中每个节点的关键值是区间的左端点. 有许多文献研究了区间树的极限性质, 例如 Javanian 等 (2004) 研究了对应于除一条边之外的所有边的递归修剪的变体, 留下一条路径, 通过这种修剪获得路径长度的分布, 展示适当范数下路径长度的高斯趋势. Sibuya 和 Itoh(1987), Prodinger(1993), Fill(1996), Mahmoud (2003a) 等对随机分割相关的区间树进行了研究. 其中, Itoh 和 Mahmoud(2003) 对几种不同的单边区间树作了较为系统的讨论, 他们求出了这几种单边区间树的顶点数目的矩母函数, 并且利用它证明了这几种单边区间树的顶点数目的渐近正态性, 即中心极限定理; 利用他们的结果还可以得到其弱大数定律.

接下来本书将从随机树子树数目的矩、子树的大小与分布、顶点距离分布等几个方面分别研究均匀递归树、随机搜索树以及区间树的极限性质. 具体地, 第一部分运用了正态逼近的方法研究均匀递归树顶点距离分布, 再利用压缩法说明适当归一化的子树数目服从正态分布, 最后提到了 Pólya urns 方法, 进一步加强了收敛; 第二部分选取了适当的概率距离, 利用压缩法证明了顶点数目的大数定律以及渐近正态性, 利用递归分布等式得到了子树数目的期望与方差, 最后运用压缩法得到了它的中心极限定理; 第三部分研究了单边区间树的最大间隔与完全区间树大小的矩等, 最终得到了最大间隔所满足的极限方程以及完全区间树的极限定理.

第 2 章　随机树模型的研究方法

2.1　概　率　距　离

距离理论是现代概率论的重要组成部分, 更是现代极限理论的核心内容之一. 对极限性质的研究归根到底就是对各种不同收敛性的研究. 而所谓收敛性, 其实就是按照某种距离趋于 0 的性质, 尤其是在压缩法的运用过程中, 概率距离发挥着举足轻重的作用.

1. 距离与概率距离的定义

设 $(\mathcal{S}, \mathscr{S})$ 为某个可测空间, 以 $\mathscr{X}$ 表示由概率空间 $(\Omega, \mathscr{F}, \mathbf{P})$ 到 $(\mathcal{S}, \mathscr{S})$ 的可测映射的全体, 也就是定义在 Ω 上的取值于 $\mathcal{S}$ 的随机元的全体. 特别地, 当 $(\mathcal{S}, \mathscr{S}) = (\mathcal{R}^1, \mathscr{B}_1)$ 时, $\mathscr{X}$ 就是定义在概率空间 $(\Omega, \mathscr{F}, \mathbf{P})$ 上的实值随机变量的全体.

$\mathscr{X}$ 的某个子集 $\mathscr{D}$ 称为可允许的, 如果 $X \in \mathscr{X}$, 则对一切满足关系式 $Y \overset{\text{a.s.}}{=} X$ (亦即 $\mathbf{P}(Y = X) = 1$) 的 Y, 都有 $Y \in \mathscr{X}$. 下面, 如非特别指明, 一般都将 $(\mathcal{S}, \mathscr{S})$ 取为 $(\mathcal{R}^1, \mathscr{B}_1)$.

随机变量之间的距离的概念通常是建立在某个可允许集合 $\mathscr{D}$ 之上, 其定义如下.

定义 2.1　设 $\mathscr{D}$ 为可允许的, 称映射 $d: \mathscr{D}^2 = \mathscr{D} \times \mathscr{D} \to \mathcal{R}_+ = [0, \infty)$ 是 $\mathscr{D}$ 上的距离, 如果它具有如下三条性质:

1° (完全等同性)　$d(X, Y) = 0$ 当且仅当 $\mathbf{P}(X = Y) = 1$;

2° (对称性)　$d(X, Y) = d(Y, X)$;

3° (三角形不等式)　$d(X, Y) \leqslant d(X, Z) + d(Z, Y)$.

下面给出随机变量间距离的两个例子.

例子 2.1 (示性距离)

$$\mathscr{G}(X, Y) := \mathbf{E}I(X \neq Y) = \mathbf{P}(X \neq Y), \tag{2.1}$$

其中 $I(A)$ 是事件 A 的示性函数.

条件 1° 和条件 2° 显然满足, 而由 $(X \neq Y) \subset (X \neq Z) \cup (Z \neq Y)$ 可推出条件 3°. 所以泛函 $\mathscr{G}$ 是 $\mathscr{D} = \mathscr{X}$ 中的距离.

例子 2.2 (L_p 距离)　设 $p > 0$,

$$L_p(X, Y) := \left(\mathbf{E}|X - Y|^p\right)^{\frac{1}{p} \wedge 1} := \| X - Y \|_p . \tag{2.2}$$

条件 1° 与条件 2° 显然满足, 条件 3° 可由 Minkowski 不等式得到. L_p 距离的定义域 $\mathscr{D}$ 不能取为整个 $\mathscr{X}$, 而应取为 $\mathscr{D} = \{X \in \mathscr{X}, \ \mathbf{E}|X|^p < \infty\}$.

值得注意的是, 定义 2.1 所定义的距离并不能满足概率论研究中的所有需要, 它只能用来考察 a.s. 收敛性, 因为其中的条件 1° 过强. 为了研究随机变量序列的其他收敛性, 应当削弱条件 1°, 将其中的**当且仅当**改为**当**. 这种削弱意义下的距离已经不具有完全等同性, 故将之称为概率距离.

定义 2.2　设 $\mathscr{D}$ 为可允许的, 称映射 $d : \mathscr{D}^2 = \mathscr{D} \times \mathscr{D} \to \mathcal{R}_+ = [0, \infty)$ 是 $\mathscr{D}$ 上的概率距离, 如果它满足定义 2.1 中的条件 2° 和条件 3°, 且具有

1°A (不完全等同性)　当 $\mathbf{P}(Y = X) = 1$ 时, 有 $d(X, Y) = 0$.

不难验证, 经典极限定理中一些常用的距离, 都是定义 2.2 意义下的概率距离, 见下例.

例子 2.3 (一致距离)

$$\rho(X, Y) = \sup_{x \in \mathcal{R}} \left| \mathbf{P}(X < x) - \mathbf{P}(Y < x) \right| = \sup_{x \in \mathcal{R}} \left| F_X(x) - F_Y(x) \right|. \tag{2.3}$$

在这里, $\rho(X, Y) = 0$ 当且仅当 $\mathbf{P}(X < x) = \mathbf{P}(Y < x)$, 即 $F_X(x) = F_Y(x)$. 事实上, 一致距离是随机变量的分布函数间的一种距离, 它仅满足定义 2.2 中的条件 1°A.

例子 2.4 (全变差距离)

$$\sigma(X, Y) = \sup_{B \in \mathscr{B}_1} \left| \mathbf{P}(X \in B) - \mathbf{P}(Y \in B) \right|. \tag{2.4}$$

众所周知, 全变差距离还具有下述表达式:

$$\sigma(X, Y) = \frac{1}{2} \int_{\mathcal{R}} \left| d(F_X(x) - F_Y(x)) \right|,$$

它也是随机变量的分布函数间的一种距离, 仅满足定义 2.2 中的条件 1°A. 还可证明全变差距离具有如下的表达式:

$$\sigma(X, Y) = \frac{1}{2} \sup_{\|h\| \leqslant 1} \left| \int_{\mathcal{R}} h(x) dF_X(x) - \int_{\mathcal{R}} h(x) dF_Y(x) \right|, \tag{2.5}$$

其中, $h : \mathcal{R} \mapsto \mathcal{R}$, 满足条件 $\|h\| = \sup_{x \in \mathcal{R}} |h(x)| \leqslant 1$.

从上述的几个距离的例子中, 我们可以发现, 有些概率距离的值取决于 (X, Y) 的联合分布 $\mathcal{L}(X, Y)$, 而不是取决于 X 和 Y 的边缘分布 $\mathcal{L}(X)$ 和 $\mathcal{L}(Y)$. 例如, 示性距离 $\mathscr{I}$ 和 L_p 距离. 对于这一类概率距离, 通常称之为复杂距离. 相反, 也有一些概率距离是通过随机向量 (X, Y) 的边缘分布 $(\mathcal{L}(X), \mathcal{L}(Y))$ 来定义的, 例如, 一致距离 ρ. 这一类概率距离称为简单距离. 为了确切地表达有关概念, 我们记

$$\mathscr{L}(\mathscr{D}) := \Big\{ \mathcal{L}(X) : X \in \mathscr{D} \Big\};$$
$$\mathscr{L}(\mathscr{D} \times \mathscr{D}) := \Big\{ \mathcal{L}(X, Y) : X, Y \in \mathscr{D} \Big\}.$$

定义 2.3 如果可允许集 $\mathscr{D}$ 上的概率距离 d 是定义在 $\mathscr{L}(\mathscr{D}) \times \mathscr{L}(\mathscr{D})$ 上的非负泛函, 意即只要 $\big(\mathcal{L}(X), \mathcal{L}(Y) \big) = \big(\mathcal{L}(U), \mathcal{L}(V) \big)$, 就有 $d(X, Y) = d(U, V)$, 就称它为 $\mathscr{D}$ 上的简单距离. 如果可允许集 $\mathscr{D}$ 上的概率距离 d 是定义在 $\mathscr{L}(\mathscr{D} \times \mathscr{D})$ 上的非负泛函, 意即只有 $\mathcal{L}(X, Y) = \mathcal{L}(U, V)$, 才一定有 $d(X, Y) = d(U, V)$, 就称它为 $\mathscr{D}$ 上的复杂距离.

根据这一定义, 复杂距离可能是定义 2.1 意义下的距离, 而简单距离一定不是定义 2.1 意义下的距离, 只能为定义 2.2 意义下的概率距离. 事实上, 随机变量之间的简单距离就是由它们所导出的概率测度之间的距离, 因此, 如果 d 是简单距离, 则有

$$d(X, Y) = d\Big(\mathcal{L}(X), \mathcal{L}(Y) \Big).$$

由于概率论通常是研究随机变量的分布之间的关系, 所以简单距离充当着一个重要的角色. 我们把

1°S : $d(X, Y) = 0$ 当且仅当 $\mathcal{L}(X) = \mathcal{L}(Y)$

与

1°AS : 当 $\mathcal{L}(X) = \mathcal{L}(Y)$ 时, 有 $d(X, Y) = 0$

分别称为简单距离的完全等同性和不完全等同性.

看一些复杂距离与简单距离的例子.

例子 2.5 设 $s > 0$, 对实数 x, 记 $x^{(s)} = |x|^{s-1} x = |x|^s \operatorname{sign} x$. 设 X 与 Y 都是实值随机变量, 令

$$\tau_s(X, Y) := \mathbf{E} \Big| X^{(s)} - Y^{(s)} \Big|.$$

τ_s 的值取决于联合分布 $\mathcal{L}(X, Y)$, 它是一个复杂距离.

例子 2.6 设 $s > 0$, 而 X 与 Y 都是实值随机变量, 令

$$\nu_s(X, Y) = \int |x|^s \Big| d\Big(\mathbf{P}(X < x) - \mathbf{P}(Y < x) \Big) \Big|.$$

ν_s 的值取决于边缘分布 $(\mathcal{L}(X), \mathcal{L}(Y))$, 它是简单距离.

例子 2.7　工程距离 $\mathscr{I}_1$ 的定义如下:

$$\mathscr{I}_1(X, Y) := |\mathbf{E}X - \mathbf{E}Y|. \tag{2.6}$$

显然它是一个简单距离.

2. 理想距离

在讨论依分布收敛问题时, 通常选用一些具有良好性质的简单距离. 理想距离就是一类具有良好性质的简单距离, 其定义如下.

定义 2.4　设 $s > 0$, 称可允许集合 $\mathscr{D}$ 上的简单距离 d 是 s 阶的理想距离, 如果它具有如下两条性质:

$1°$ (正则性) 对任何随机变量 $X, Y \in \mathscr{D}$, 以及任何与它们独立的随机变量 $Z \in \mathscr{D}$, 都有

$$d(X + Z, Y + Z) \leqslant d(X, Y) \tag{2.7}$$

(当该式左端为无穷时, 其右端一定为无穷);

$2°$ (s 阶齐次性) 对任何随机变量 $X, Y \in \mathscr{D}$, 以及任何实常数 $s \neq 0$, 都有

$$d(cX, cY) \leqslant |c|^s d(X, Y). \tag{2.8}$$

理想距离具有如下的一系列良好性质.

定理 2.1　如果 d 是理想距离, 则对任何相互独立的随机变量对 $(X_1, Y_1), \cdots, (X_n, Y_n)$, 都有

$$d(X_1 + \cdots + X_n, Y_1 + \cdots + Y_n) \leqslant d(X_1, Y_1) + \cdots + d(X_n, Y_n). \tag{2.9}$$

该性质称为理想距离的半可加性.

证明　当 $n = 2$ 时, 由三角形不等式和**正则性**, 即得

$$\begin{aligned} d(X_1 + X_2, Y_1 + Y_2) &\leqslant d(X_1 + X_2, Y_1 + X_2) + d(Y_1 + X_2, Y_1 + Y_2) \\ &\leqslant d(X_1, Y_1) + d(X_2, Y_2). \end{aligned}$$

对 $n > 2$, 用归纳法即可.　　　　　　　　　　　　　　　　　　□

定理 2.2　如果 d 是理想距离, 则对任意两个随机变量 X 与 Y, 以及任何实常数 a, 都有

$$d(X + a, Y + a) = d(X, Y). \tag{2.10}$$

证明　由于常数 a 与随机变量 X 和 Y 都独立, 所以由正则性知 $d(X+a, Y+a) \leqslant d(X, Y)$. 反之, 常数 $-a$ 与随机变量 $X+a$ 和 $Y+a$ 都独立, 所以又有

$$d(X, Y) = d(X + a + (-a), Y + a + (-a))$$
$$\leqslant d(X + a, Y + a). \qquad \square$$

定理 2.3　如果 d 是 s 阶理想距离, 则对任意两个随机变量 X 与 Y, 以及任何一个实常数 $c \neq 0$, 都有

$$d(cX, cY) = |c|^s d(X, Y). \qquad (2.11)$$

换言之, 关系式 (2.8) 中的不等号可以写为等式.

证明　在 (2.8) 式中取 $X' = cX$, $Y' = cY$, $c' = \dfrac{1}{c}$, 就有

$$d(X, Y) = d(c'X', c'Y')$$
$$\leqslant |c'|^s d(X', Y')$$
$$= \frac{1}{|c|^s} d(cX, cY),$$

亦即 $d(cX, cY) \geqslant |c|^s d(X, Y)$; 结合 (2.8) 式, 即得 (2.11) 式. $\qquad \square$

容易看出, 一致距离 ρ 和全变差距离 σ 是 0 阶的理想距离; 而工程距离 $\mathscr{G}_1$ 是 1 阶的理想距离. 除此之外, 还有一些常用的理想距离, 如下.

例子 2.8 (Prohorov 距离)　以 P_X 表示随机变量的分布, 亦即对 $B \in \mathscr{B}_1$, 有 $P_X(B) = \mathbf{P}(X \in B)$, 那么 Prohorov 距离就是

$$\pi(X, Y) = \pi(P_X, P_Y)$$
$$:= \inf\Big\{\varepsilon : P_X(B) \leqslant P_Y(B^\varepsilon) + \varepsilon, P_Y(B) \leqslant P_X(B^\varepsilon) + \varepsilon, B \in \mathscr{B}\Big\}, \quad (2.12)$$

其中 B^ε 是 B 的 ε 邻域, 即 $B^\varepsilon = \{x : |x - y| < \varepsilon, y \in B\}$.

例子 2.9 (λ-距离)　以 $f_X(t)$ 表示随机变量 X 的特征函数, 那么 λ-距离就是

$$\lambda(X, Y) := \inf_{T > 0} \max\left\{\frac{1}{2}\max_{|t| \leqslant T}|f_X(t) - f_Y(t)|, \frac{1}{T}\right\}. \qquad (2.13)$$

可以验证, Prohorov 距离和 λ-距离都是 $s = 0$ 阶的理想距离.

3. Zolotarev 距离

Zolotarev 距离是由苏联数学家 Zolotarev 于 20 世纪 70 年代引入的, 它被广泛地应用在现代极限理论之中, 尤其是关于渐近正态性研究中的不可或缺的工具, 近来更有人发现它在研究渐近于其他分布时的重要作用和方便之处.

为给出 Zolotarev 距离的定义, 需要先定义一个函数集 $\mathfrak{F}_s$.

定义 2.5 设 $s > 0, m = \lfloor s \rfloor$, 即小于 s 的最大整数. 写 $s = m + \alpha$, 其中 $0 < \alpha \leqslant 1$. 以 $\mathfrak{F}_s$ 表示定义在 $\mathcal{R}$ 上的这样的实值函数 f 的全体: 它们处处具有 m 阶导数, 并且满足如下条件

$$|f^{(m)}(x) - f^{(m)}(y)| \leqslant |x - y|^\alpha, \quad x, y \in \mathcal{R}. \tag{2.14}$$

定义 2.6 当 $s > 0$ 时, Zolotarev 距离 ζ_s 的定义是

$$\zeta_s(X, Y) := \sup_{f \in \mathfrak{F}_s} \left| \mathbf{E}(f(X) - f(Y)) \right|, \tag{2.15}$$

其中, 集合 $\mathfrak{F}_s$ 如定义 2.5 所示. 而当 $s = 0$ 时, 则定义为

$$\zeta_0 := \lim_{s \to 0_+} \zeta_s.$$

需要特别说明的是, 如果 $0 < s < 1$, 则有 $m = \lfloor s \rfloor = 0$, $\alpha = s$, 因此, 此时的 $\mathfrak{F}_s$ 由条件

$$|f(x) - f(y)| \leqslant |x - y|^s$$

所定义. 当 $s \to 0$ 时, 该条件演变为 $|f(x) - f(y)| \leqslant I(x \neq y)$. 因此 $\mathfrak{F}_0$ 就是由满足条件 $|f(x) - f(y)| \leqslant I(x \neq y)$ 的所有实值函数组成的.

尽管对于一般的 $s > 0$, Zolotarev 距离 ζ_s 没有显性表达式, 但是当 s 为非负整数时, 性质却较易讨论. 比如: ζ_0 就是全变差距离 σ.

定理 2.4 当 $s = 0$ 时, Zolotarev 距离 ζ_0 就是全变差距离 σ.

证明 一方面, 函数族 $\{I_B(x) = I(x \in B) | B \in \mathscr{B}\}$ 含于 $\mathfrak{F}_0$ 之中, 所以

$$
\begin{aligned}
\zeta_0(X, Y) &\geqslant \sup_{I_B : B \in \mathscr{B}} \left| \mathbf{E}(I_B(X) - I_B(Y)) \right| \\
&= \sup \left\{ \left| \mathbf{E}(I(X \in B) - I(Y \in B)) \right| : B \in \mathscr{B} \right\} \\
&= \sup \left\{ \left| \mathbf{P}(X \in B) - \mathbf{P}(Y \in B) \right| : B \in \mathscr{B} \right\} \\
&= \sigma(X, Y).
\end{aligned}
$$

另一方面, 如果记 $\mathfrak{F}_{d_1} = \{f : |f(x) - f(y)| \leqslant 1, \ x, y \in \mathcal{R}\}$, 则显然有 $\mathfrak{F}_0 \subset \mathfrak{F}_{d_1}$. 任何 $f \in \mathfrak{F}(d_1)$ 对任何实数 x, y, 都满足不等式 $|f(x) - f(y)| \leqslant 1$, 这意味着对每个 $f \in \mathfrak{F}(d_0)$, 都存在某个实数 $c = c_f$, 使得

$$\left\{ x : 0 \leqslant f(x) - c \leqslant \frac{1}{2} \right\} \cup \left\{ x : 0 \leqslant c - f(x) \leqslant \frac{1}{2} \right\} = \mathcal{R}.$$

事实上, 如若不然, 则对任何常数 c, 都存在 x_1 和 x_2, 使得 $f(x_1) - c > \dfrac{1}{2}$, $c - f(x_2) \geqslant \dfrac{1}{2}$ 或者 $f(x_1) - c \geqslant \dfrac{1}{2}$, $c - f(x_2) > \dfrac{1}{2}$, 则无论如何, 都不能有 $|f(x_1) - f(x_2)| \leqslant 1$, 矛盾. 因此

$$
\begin{aligned}
\zeta_0(X, Y) &= \sup_{f \in \mathfrak{F}_0} \left| \int_{\mathcal{R}} f(x) d(F_X(x) - F_Y(x)) \right| \\
&\leqslant \sup_{f \in \mathfrak{F}_{d_1}} \left| \int_{\mathcal{R}} f(x) d(F_X(x) - F_Y(x)) \right| \\
&= \sup_{f \in \mathfrak{F}_{d_1}} \left| \int_{\mathcal{R}} (f(x) - c_f) d(F_X(x) - F_Y(x)) \right| \\
&\leqslant \sup_{f \in \mathfrak{F}_{d_1}} \left\{ \sup_{x \in \mathcal{R}} |f(x) - c_f| \int_{\mathcal{R}} |d(F_X(x) - F_Y(x))| \right\} \\
&\leqslant \frac{1}{2} \int_{\mathcal{R}} \left| d(F_X(x) - F_Y(x)) \right| \\
&= \sigma(X, Y).
\end{aligned}
$$

综合上述两方面, 即得命题中的断言. □

为了介绍 s 为正整数时的表达式, 先给出一个显然的引理.

引理 2.1 设 $g(x)$ 为 $\mathcal{R}$ 上的有界变差函数, $s \geqslant 0$, 令

$$
\mathscr{I}^s g(x) := \int_{-\infty}^{x} \frac{(x-u)^s}{\Gamma(s+1)} dg(u), \tag{2.16}
$$

其中 $\Gamma(t)$ 为 Gamma 函数. 则当 $s \geqslant 1$ 时, 有

$$
\mathscr{I}^{s-1} g(x) = \frac{d}{dx} \mathscr{I}^s g(x).
$$

定理 2.5 当 s 为正整数时, ζ_s 可以表示为

$$
\begin{aligned}
\zeta_s(X, Y) &= \int_{-\infty}^{\infty} \left| \mathscr{I}^{s-1} \Big(F_X(x) - F_Y(x) \Big) \right| dx \\
&= \int_{-\infty}^{\infty} \left| \int_{-\infty}^{x} \frac{(x-u)^{s-1}}{\Gamma(s)} d\Big(F_X(u) - F_Y(u) \Big) \right| dx. \tag{2.17}
\end{aligned}
$$

特别地, 当 $s = 1$ 时, 即为

$$
\begin{aligned}
\zeta_1(X, Y) &= \int_{-\infty}^{\infty} \left| F_X(x) - F_Y(x) \right| dx \\
&= \int_{0}^{1} \left| F_X^{-1}(u) - F_Y^{-1}(u) \right| du. \tag{2.18}
\end{aligned}
$$

证明 首先指出, 当 s 为正整数时, 对于 $f \in \mathfrak{F}_s$, 我们有

$$|f^{(s-1)}(x) - f^{(s-1)}(y)| \leqslant |x - y|, \quad \forall x, y \in \mathcal{R},$$

这表明 $f^{(s)}$ 几乎处处存在, 并且恒有 $|f^{(s)}(x)| \leqslant 1$.

先证 (2.18). 对于 $f \in \mathfrak{F}_1$, 由分部积分, 得

$$\begin{aligned}
\left| \mathbf{E}\big(f(X) - f(Y)\big) \right| &= \left| \int_{-\infty}^{\infty} f(x) d\big(F_X(x) - F_Y(x)\big) \right| \\
&= \left| \int_{-\infty}^{\infty} f'(x)\big(F_X(x) - F_Y(x)\big) dx \right| \\
&= \left| \int_{-\infty}^{\infty} f'(x) \mathscr{I}^0 \big(F_X(x) - F_Y(x)\big) dx \right| \\
&\leqslant \int_{-\infty}^{\infty} |f'(x)| \big| F_X(x) - F_Y(x) \big| dx \\
&\leqslant \int_{-\infty}^{\infty} \big| F_X(x) - F_Y(x) \big| dx,
\end{aligned}$$

这表明

$$\zeta_1(X, Y) \leqslant \int_{-\infty}^{\infty} \big| F_X(x) - F_Y(x) \big| dx.$$

另一方面, 如果令

$$f_n(x) := \int_{-\infty}^{x} \operatorname{sign}\Big(\big(F_X(u) - F_Y(u)\big) I(|u| \leqslant n) \Big) du, \quad n \in \mathbb{N},$$

则对任何固定的 $n \in \mathbb{N}$, 都有 $f_n \in \mathfrak{F}_1$, 从而

$$\begin{aligned}
\zeta_1(X, Y) &\geqslant \sup_n \left| \int_{-\infty}^{\infty} f_n(x) d\big(F_X(x) - F_Y(x)\big) \right| \\
&= \sup_n \left| \int_{-\infty}^{\infty} f_n'(x)\big(F_X(x) - F_Y(x)\big) dx \right| \\
&= \sup_n \int_{-n}^{n} \big| F_X(x) - F_Y(x) \big| dx \\
&= \int_{-\infty}^{\infty} \big| F_X(x) - F_Y(x) \big| dx.
\end{aligned}$$

综合上述两方面, 即得 (2.18) 式.

对于 $s = 2$, $f \in \mathfrak{F}_2$, 连续作两次分部积分, 运用 (2.16) 式, 并注意 $|f''(x)| \leqslant 1$, 可得

$$\left| \mathbf{E}\big(f(X) - f(Y)\big) \right| = \left| \int_{-\infty}^{\infty} f(x) d\big(F_X(x) - F_Y(x)\big) \right|$$

$$
= \left| \int_{-\infty}^{\infty} f'(x) \Big(F_X(x) - F_Y(x) \Big) dx \right|
$$

$$
= \left| \int_{-\infty}^{\infty} f'(x) \mathscr{I}^0 \Big(F_X(x) - F_Y(x) \Big) dx \right|
$$

$$
= \left| \int_{-\infty}^{\infty} f'(x) d \mathscr{I}^1 \Big(F_X(x) - F_Y(x) \Big) \right|
$$

$$
= \left| \int_{-\infty}^{\infty} f''(x) \mathscr{I}^1 \Big(F_X(x) - F_Y(x) \Big) dx \right|
$$

$$
\leqslant \int_{-\infty}^{\infty} |f''(x)| \left| \mathscr{I}^1 \Big(F_X(x) - F_Y(x) \Big) \right| dx
$$

$$
\leqslant \int_{-\infty}^{\infty} \left| \mathscr{I}^1 \Big(F_X(x) - F_Y(x) \Big) \right| dx
$$

$$
= \int_{-\infty}^{\infty} \left| \int_{-\infty}^{x} (x-u) d \Big(F_X(u) - F_Y(u) \Big) \right| dx.
$$

一般地, 对于正整数 $s \geqslant 3$, 我们对 $f \in \mathfrak{F}_s$ 连续作 s 次分部积分, 可得

$$
\left| \mathbf{E} \Big(f(X) - f(Y) \Big) \right| = \left| \int_{-\infty}^{\infty} f^{(s)}(x) \mathscr{I}^{s-1} \Big(F_X(x) - F_Y(x) \Big) dx \right|
$$

$$
\leqslant \int_{-\infty}^{\infty} |f^{(s)}(x)| \left| \mathscr{I}^{s-1} \Big(F_X(x) - F_Y(x) \Big) \right| dx
$$

$$
\leqslant \int_{-\infty}^{\infty} \left| \mathscr{I}^{s-1} \Big(F_X(x) - F_Y(x) \Big) \right| dx
$$

$$
= \int_{-\infty}^{\infty} \left| \int_{-\infty}^{x} \frac{(x-u)^{s-1}}{\Gamma(s)} d \Big(F_X(u) - F_Y(u) \Big) \right| dx.
$$

上式表明

$$
\zeta_s(X, Y) \leqslant \int_{-\infty}^{\infty} \left| \int_{-\infty}^{x} \frac{(x-u)^{s-1}}{\Gamma(s)} d \Big(F_X(u) - F_Y(u) \Big) \right| dx.
$$

反之, 设函数 f_0 满足如下条件:

$$
f_0^{(s)}(x) = \mathrm{sign}. \mathscr{I}^{s-1} \Big(F_X(x) - F_Y(x) \Big),
$$

则有 $f_0 \in \mathfrak{F}_s$, 从而

$$
\zeta_s(X, Y) \geqslant \left| \mathbf{E} \Big(f_0(X) - f_0(Y) \Big) \right|
$$

$$
= \int_{-\infty}^{\infty} \left| \mathscr{I}^{s-1} \Big(F_X(x) - F_Y(x) \Big) \right| dx
$$

$$= \int_{-\infty}^{\infty} \left| \int_{-\infty}^{x} \frac{(x-u)^{s-1}}{\Gamma(s)} d\big(F_X(u) - F_Y(u)\big) \right| dx.$$

综合上述两方面, 即得所证. $\qquad\square$

4. Zolotarev 距离的基本性质

在研究随机树中一些变量的极限分布的时候, 如果使用压缩法, 根据变量的不同的特点, 就要选取不同的理想距离, 而在考察渐近正态性的时候, Zolotarev 距离就较为适用, 因此, 我们需要在这里详细介绍一些 Zolotarev 距离的基本性质.

除前面所述 Zolotarev 距离的一些性质外, 它还具有如下的一些基本性质.

定理 2.6 Zolotarev 距离 $\zeta_s \, (s \geqslant 0)$ 是一个 s 阶的理想距离.

证明 由定义易知, 对任何 $s \geqslant 0$, ζ_s 都是简单距离.

对于 $f \in \mathfrak{F}_s$, 我们引入两种变换:

$$(\mathbf{A}_y f)(x) := f(x+y),$$
$$(\mathbf{B}_c f)(x) := c^{-s} f(cx),$$

其中, $y \in \mathcal{R}, c > 0$. 容易看出: 这两个变换都是 $\mathfrak{F}_s$ 到自己的一一对应.

令 Z 是与 X 和 Y 都独立的随机变量, 则有

$$\left| \mathbf{E}(f(X+Z) - f(Y+Z)) \right| \leqslant \int \left| \mathbf{E}(\mathbf{A}_y f(X) - \mathbf{A}_y f(Y)) \right| dF_Z(y),$$

因此,

$$\zeta_s(X+Z, Y+Z) \leqslant \int \sup\Big\{ \left| \mathbf{E}(f(X) - f(Y)) \right| : \ f \in \mathbf{A}_y \mathfrak{F}_s \Big\} dF_Z(y),$$

既然对任何 $y \in \mathcal{R}$, 都有 $\mathbf{A}_y \mathfrak{F}_s = \mathfrak{F}_s$, 故上式右端就是 $\zeta_s(X, Y)$, 即 ζ_s 具有正则性.

而对任何 $c > 0$, 我们有

$$\left| \mathbf{E}(f(cX) - f(cY)) \right| = c^s \left| \mathbf{E}\big(\mathbf{B}_c f(X) - \mathbf{B}_c f(Y)\big) \right|,$$

因此就有

$$\zeta_s(cX, cY) = c^s \sup\Big\{ \left| \mathbf{E}(f(X) - f(Y)) \right| : \ f \in \mathbf{B}_c \mathfrak{F}_s \Big\},$$

由于对任何 $c > 0$, 都有 $\mathbf{B}_c \mathfrak{F}_s = \mathfrak{F}_s$, 所以

$$\sup\Big\{ \left| \mathbf{E}(f(X) - f(Y)) \right| : \ f \in \mathbf{B}_c \mathfrak{F}_s \Big\} = \zeta_s(X, Y),$$

故得 ζ_s 的 s 次齐次性. $\qquad\square$

定理 2.7　设 $s > 0$, $m = \lfloor s \rfloor$ 是小于 s 的最大整数, 写 $s = m + \alpha$. 则当 $\zeta_s(X, Y) < \infty$ 时, 必有

$$\mathbf{E}X^k = \mathbf{E}Y^k, \quad k = 1, \cdots, m. \tag{2.19}$$

反之, 当条件 (2.19) 成立时, 我们有

$$\zeta_s(X, Y) \leqslant \frac{\nu_s(X, Y)}{\Gamma(1 + s)}, \tag{2.20}$$

其中距离 ν_s 的定义参阅例子 2.6.

证明　易见, 对 $s = m + \alpha > 0$, 以及任何 $m + 1$ 元有序实数组 $a_0, a_1, \cdots, a_m$, 都有

$$f(x) := \sum_{k=0}^{m} a_k x^m \in \mathfrak{F}_s,$$

因此对任何 $k = 1, \cdots, m$, 都有

$$\zeta_s(X, Y) \geqslant \sup_{a_k > 0} |\mathbf{E}a_k X^k - \mathbf{E}a_k Y^k| = \sup_{a_k > 0} a_k |\mathbf{E}X^k - \mathbf{E}Y^k|,$$

亦即

$$|\mathbf{E}X^k - \mathbf{E}Y^k| \leqslant \frac{\zeta_s(X, Y)}{\sup_{a_k > 0} a_k},$$

再由 $\zeta_s(X, Y) < \infty$, 即得 (2.19).

现设条件 (2.19) 成立, 我们来证明定理的后一半. 对于 $f \in \mathfrak{F}_s$, 由于 $f^{(m)}$ 连续, 所以 f 具有 Taylor 展开式:

$$f(x) = \sum_{k=0}^{m-1} \frac{1}{k!} f^{(k)}(0) x^k + \int_0^1 \frac{(1-t)^{m-1}}{(m-1)!} f^{(m)}(tx) x^m dt.$$

于是由条件 (2.19) 即得

$$\mathbf{E}\Big(f(X) - f(Y)\Big) = \int_0^1 \frac{(1-t)^{m-1}}{(m-1)!} \mathbf{E}\Big(f^{(m)}(tX) X^m - f^{(m)}(tY) Y^m\Big) dt.$$

再次利用条件 (2.19), 可将积分号下面的期望改写为

$$I := \mathbf{E}\Big\{ \Big(f^{(m)}(tX) - f^{(m)}(0)\Big) X^m - \Big(f^{(m)}(tY) - f^{(m)}(0)\Big) Y^m \Big\}$$

$$= \int \Big(f^{(m)}(tx) - f^{(m)}(0) \Big) x^m d\Big(F_X(x) - F_Y(x) \Big).$$

由于 $f \in \mathfrak{F}_s$, 所以 $|f^{(m)}(tx) - f^{(m)}(0)| \leqslant |tx|^\alpha$, 从而

$$I \leqslant \int |t|^\alpha |x|^{m+\alpha} \Big| d\Big(F_X(x) - F_Y(x) \Big) \Big|$$

$$= |t|^\alpha \int |x|^s \Big| d\Big(F_X(x) - F_Y(x) \Big) \Big|$$

$$= |t|^\alpha \nu_s(X, Y).$$

由此即得

$$\mathbf{E}\Big(f(X) - f(Y) \Big) \leqslant \nu_s(X, Y) \int_0^1 \frac{(1-t)^{m-1} t^\alpha}{(m-1)!} dt = \frac{\nu_s(X, Y)}{\Gamma(1+s)},$$

此即 (2.20) 式. $\qquad\square$

由这一定理, 立即推出如下结论.

推论 2.1 设 X 与 Y 为实值随机变量, $s > 0$, $m = \lfloor s \rfloor$. 则 $\zeta_s(X, Y) < \infty$ 的充分必要条件是

$$\begin{cases} \mathbf{E}X^k = \mathbf{E}Y^k, \quad k = 1, \cdots, m, \\ \nu_s(X, Y) = \int |x|^s \Big| d\Big(F_X(x) - F_Y(x) \Big) \Big| < \infty. \end{cases} \tag{2.21}$$

注 2.1 我们知道, 对 $s > 0$, 当 $\mathbf{E}|X|^s + \mathbf{E}|Y|^s < \infty$ 时, 必有

$$\nu_s(X, Y) = \int |x|^s \Big| d\Big(F_X(x) - F_Y(x) \Big) \Big| < \infty;$$

但是反之不真.

定理 2.8 对 $s > 0$, 存在仅依赖于 s 的常数 $c_s > 0$, 使得

$$\big| \mathbf{E}|X|^s - \mathbf{E}|Y|^s \big| \leqslant c_s \zeta_s(X, Y). \tag{2.22}$$

证明 记 $m = \lfloor s \rfloor$, 即小于 s 的最大整数, $s = m + \alpha$. 由于 $0 < \alpha \leqslant 1$, 故由 C_r 不等式易证

$$\big| |x|^\alpha - |y|^\alpha \big| \leqslant |x - y|^\alpha,$$

故易验证

$$f(x) = \frac{|x|^s}{m!} \in \mathfrak{F}_s.$$

从而

$$|\mathbf{E}|X|^s - \mathbf{E}|Y|^s| \leqslant m! \sup_{f \in \mathfrak{F}_s} |\mathbf{E}f(X) - \mathbf{E}f(Y)| = m! \zeta_s(X, Y).$$

再令 $c_s = m!$ 即可.   □

　　Zolotarev(1996) 证明了 Zolotarev 距离 $\zeta_s(X, Y)$ 与 Prokhorov 距离 $\pi(X, Y)$ 的如下关系式.

　　定理 2.9　*对 $s \geqslant 0$, 存在仅依赖于 s 的常数 $c_s > 0$, 使得对任何随机变量, 都有*

$$\pi^{1+s}(X, Y) \leqslant c_s \zeta_s(X, Y).$$

　　定理 2.10　*对任何随机变量 X 与 Y, 以及 $s = m + \alpha > 0$, 其中 $m = \lfloor s \rfloor$, $0 < \alpha \leqslant 1$, 都有*

$$\lambda^{1+s}(X, Y) \leqslant 2^{-\alpha} \zeta_s(X, Y),$$

其中 $\lambda(X, Y)$ 的定义见 (2.13) 式.

　　证明　设 $t \in \mathcal{R}$, 记 $g_t(x) = e^{itx}$, 其中 $\mathrm{i} = \sqrt{-1}$ 是虚数单位. 易见

$$g_t^{(m)}(x) = (\mathrm{i}t)^m e^{\mathrm{i}tx} = (\mathrm{i}t)^m g_t(x)$$

及

$$\begin{aligned}
|g_t^{(m)}(x) - g_t^{(m)}(y)| &\leqslant |t|^m |g_t(x) - g_t(y)| \\
&= |t|^m |e^{\mathrm{i}tx} - e^{\mathrm{i}ty}| \\
&\leqslant |t|^m \min\{2, \, |t||x - y|\} \\
&\leqslant 2^{1-\alpha} |t|^s |x - y|^\alpha,
\end{aligned}$$

从而

$$\sup_{|t| \leqslant T} |g_t^{(m)}(x) - g_t^{(m)}(y)| \leqslant 2^{1-\alpha} T^s |x - y|^\alpha.$$

这就表明, 对一切 $|t| \leqslant T$, 都有

$$\frac{g_t(x)}{2^{1-\alpha} T^s} \in \mathfrak{F}_m.$$

由于

$$f_X(t) = \mathbf{E} e^{\mathrm{i}tX}, \quad f_Y(t) = \mathbf{E} e^{\mathrm{i}tY},$$

所以, 对 $|t| \leqslant T$, 就有

$$
\begin{aligned}
|f_X(t) - f_Y(t)| &= |\mathbf{E}(e^{itX} - e^{itY})| \\
&= 2^{1-\alpha} T^s \left| \mathbf{E} \left(\frac{g_t(X)}{2^{1-\alpha} T^s} - \frac{g_t(Y)}{2^{1-\alpha} T^s} \right) \right| \\
&\leqslant 2^{1-\alpha} T^s \zeta_s(X, Y),
\end{aligned}
$$

即

$$
\frac{1}{2} \max_{|t| \leqslant T} |f_X(t) - f_Y(t)| \cdot \frac{1}{T^s} \leqslant 2^{-\alpha} \zeta_s(X, Y).
$$

既然

$$
\lambda(X, Y) = \inf_{T>0} \max \left\{ \frac{1}{2} \max_{|t| \leqslant T} |f_X(t) - f_Y(t)|, \ \frac{1}{T} \right\},
$$

所以,

$$
\begin{aligned}
\lambda^{1+s}(X, Y) &\leqslant \inf_{T>0} \frac{1}{2} \max_{|t| \leqslant T} |f_X(t) - f_Y(t)| \cdot \frac{1}{T^s} \\
&\leqslant 2^{-\alpha} \zeta_s(X, Y). \qquad \square
\end{aligned}
$$

下面这个定理非常重要, 它在我们后面讨论随机树中的一些变量的极限分布的时候, 将多次被引用.

定理 2.11 设 $\{X, \ X_n, \ n \geqslant 1\}$ 为随机变量序列, 则对任何 $s \geqslant 0$, $\zeta_s(X_n, X) \to 0$, 都蕴涵

$$
X_n \xrightarrow{\mathcal{D}} X.
$$

证明 当 $s = 0$ 时, 由于全变差距离

$$
\sigma(X_n, X) = \zeta_0(X_n, X) \to 0,
$$

所以 $X_n \xrightarrow{\mathcal{D}} X$.

记

$$
\mathcal{D}_s(\gamma_1, \cdots, \gamma_m) := \left\{ F \ \middle| \ \int |x|^s dF(x) \middle| < \infty, \int x^j dF(x) = \gamma_j, \ j = 1, \cdots, m \right\}.
$$

则在空间 $\mathcal{D}_s(\gamma_1, \cdots, \gamma_m)$ 上, ζ_s 有限. 当 $s > 0$ 时, 只需考虑 $\{X, \ X_n, \ n \geqslant 1\} \subset \mathcal{D}_s(\gamma_1, \cdots, \gamma_m)$ 的情形. 由 (2.23) 知

$$
\lambda(X_n, X) = \inf_{T>0} \max \left\{ \frac{1}{2} \max_{|t| \leqslant T} |f_{X_n}(t) - f_X(t)|, \ \frac{1}{T} \right\} \to 0,
$$

故知 $X_n \xrightarrow{\mathcal{D}} X$. 由定理 2.9 亦可推知 $X_n \xrightarrow{\mathcal{D}} X$. $\qquad \square$

2.2   生 成 函 数

本节将对生成函数进行一些简单叙述.

生成函数可以被视作 "晾衣绳", 我们在 "晾衣绳" 上挂一个数字序列以供展示. 这意味着: 假设我们有一个问题, 它的答案是一个数字序列 $a_0, a_1, a_2, \cdots$, 我们想知道这个序列是什么, 我们可以期待什么样的答案?

对于 a_n, 我们期待的是一个简单的表达式. 如果我们发现对于每个 $n = 0, 1, 2, \cdots$, $a_n = n^2 + 3$, 那么毫无疑问我们已经 "回答" 了这个问题. 但是毕竟有些序列是复杂的, 如果没有任何简单的表达式可以用于未知序列该如何处理? 举一个例子, 假设未知数列是 2, 3, 5, 7, 11, 13, 17, 19, $\cdots$, 其中 a_n 是第 n 个素数. 那么, 期待任何一种 a_n 的简单表达式都是不合理的.

生成函数添加了另一个序列, 为序列的成员给出一个简单的表达式也许是不可能的, 但我们兴许能够给出一个简单的幂级数和的表达式, 其系数是我们正在寻找的序列. 下面将简单介绍目前被广泛用作生成函数的不同类型的级数.

1. 形式幂级数

形式幂级数的一般形式为

$$a_0 + a_1 x + a_2 x^2 + \cdots, \tag{2.23}$$

其中 $\{a_n\}_0^\infty$ 被称为系数序列, 如果两个序列相等, 这就意味着两个序列的系数序列相等.

例如, 序列

$$f = 1 + x + 2x^2 + 6x^3 + 24x^4 + 120x^5 + \cdots + n! x^n + \cdots \tag{2.24}$$

是一个很好的形式幂级数, 由于它对于 $x = 0$ 以外的任何 x 值都不收敛, 因此不能使用解析方法对其进行研究. 不仅如此, 这个序列在一些自然计数问题中也扮演着重要的角色.

2. 指数生成函数

符号 $f \xrightarrow{\text{egf}} \{a_n\}_0^\infty$ 表示 f 是序列 $\{a_n\}_0^\infty$ 的指数生成函数, 也就是说

$$f = \sum_{n \geqslant 0} \frac{a_n}{n!} x^n. \tag{2.25}$$

假设 $f \xrightarrow{\text{egf}} \{a_n\}_0^\infty$, 那么 $\{a_{n+1}\}_0^\infty$ 的指数生成函数是什么形式呢? 它的形式

为 f', 这是因为

$$f' = \sum_{n=1}^{\infty} \frac{na_n x^{n-1}}{n!} = \sum_{n=1}^{\infty} \frac{a_n x^{n-1}}{(n-1)!} = \sum_{n=0}^{\infty} \frac{a_{n+1} x^n}{n!},$$

也就是说, 这等价于 $f' \xrightarrow{\text{egf}} \{a_{n+1}\}_0^{\infty}$.

在前面的叙述中, 我们对生成函数进行了粗略的介绍, 接下来将对解析理论进行简要的叙述. 解析理论的神奇之处在于人们可以轻松地改变对生成函数的理解, 从将其视为序列的连接转变为将其视为复杂变量的分析函数. 在后一种思维状态下, 人们可以推断出生成的序列的许多属性, 而这些属性是纯形式方法无法获得的.

3. 拉格朗日反演公式

拉格朗日反演公式 (LIF) 是求解某些类型的函数方程的出色工具, 在一些情况下, 它可以在其他方法遇到阻碍的情况下给出明确的公式. LIF 可以起到帮助的函数方程的形式是

$$u = t\phi(u), \tag{2.26}$$

其中, ϕ 是 u 的给定函数. 一般化的问题是这样的: 假设我们得到函数 $\phi = \phi(u)$ 的幂级数展开, 收敛于原点 (w 平面) 的某个邻域, 我们如何在原点的某个邻域 (在 t 平面中) 找到 (2.26) 的解的幂级数展开式 $u = u(t)$? 答案出奇地明确, 它甚至允许我们找到解 $u(t)$ 的某个函数的展开.

定理 2.12 (拉格朗日反演公式) 设 $f(u)$ 和 $\phi(\eta)$ 是 u 的函数, 它们在原点的某个邻域 (在 u 平面中) 解析, 其中 $\phi(0) = 1$. 那么有一个邻域原点 (在 t 平面中), 其中方程 (2.26) 被视为未知 u 中的方程, 恰好有一个根. 此外, 考虑根 $u = u(t)$ 处 f 的值 $f(u(t))$, 在 $t = 0$ 附近关于 t 的幂级数展开, 满足

$$[t^n]\{f(u(t))\} = \frac{1}{n}[u^{n-1}]\{f'(u)\phi(u)^n\}. \tag{2.27}$$

4. 解析性与渐近性: 极点

假设我们已经找到了我们感兴趣的某个组合数序列的生成函数 $f(z)$. 接下来我们想要找到序列的渐近性质, 即找到一个简单的关于 n 的函数, 当 n 很大时, 它可以很好地逼近我们的序列的值.

做渐近研究的第一个方法是: 寻找离原点最近的 $f(z)$ 的奇点或奇异点, 这是因为 $f(z)$ 在以原点为中心不包含奇点的最大圆中是解析精确的, 我们通过找到离原点最近的奇点来找到该圆的半径. 一旦有了这个半径, 我们也就有了幂级数

$f(z)$ 的收敛半径. 一旦有了收敛半径, 我们就会知道当 n 很大时系数的大小, 通过对这个过程的各种改进, 我们可以获得更详细的信息.

在本节中, 我们仅考虑唯一奇点是极点的函数. 令 $f(z)$ 在包含原点的复平面的某个区域中是解析的, 有限数量的奇点除外, 如果 R 是这些奇点的模中最小的一个, 那么 f 在圆盘 $|z| < R$ 中是解析的, 这恰好是其关于原点的幂级数展开收敛的圆盘. 相反, 如果某个生成函数 f 的幂级数展开式收敛于圆盘 $|z| < R$ 但不在以原点为中心的更大圆盘中, 则该函数 f 在圆周上存在一个或多个奇点 $|z| = R$.

许多处理系数序列渐近增长问题的方法都依赖于以下策略: 找到一个简单的函数 g, 该函数与 f 在圆 $|z| = R$ 上具有相同的奇点, $f - g$ 在某些情况下是解析的, 比如说半径为 $R' > R$ 的更大的圆盘. 对于较大的 n, $f - g$ 的幂级数系数将小于 $\left(\dfrac{1}{R'} + \varepsilon\right)^n$, 因此它们将远小于 f 本身的系数. 后者将无穷大, 经常与 $\left(\dfrac{1}{R'} - \varepsilon\right)^n$ 一样大. 因此, 通过研究 g 系数的增长, 我们将能够找到 f 系数增长的最重要的特征.

这个方法的关键是找到一个简单函数来模拟人们感兴趣的函数的奇异性, 然后使用简单函数系数的增长进行估计. 这些考虑在亚纯函数 $f(z)$ 的情况下表现得最清楚, 即该函数在除有限数量的极点之外的区域中是解析的, 因此我们将首先研究这些函数. 这个想法是在极点 z_0 附近, 亚纯函数可以通过其洛朗展开的主要部分很好地近似, 即通过将包含 $(z - z_0)$ 的级数的有限项数提升到负幂.

我们可以通过其最小模数极点处的主要部分的系数很好地近似亚纯函数的系数, 基本定理可以表述如下.

定理 2.13　令 f 在包含原点的区域 $\mathcal{R}$ 中解析 (除了有限多个极点), 令 $R > 0$ 为模数最小的极点的模数, 并令 $z_0, \cdots, z_s$ 为 $f(z)$ 的模数为 R 的所有极点. 此外, 令 $R' > R$ 为 f 的下一个模数最小的极点的模数, 给定 $\varepsilon > 0$, 有

$$[z^n] f(z) = [z^n] \left\{ \sum_{j=0}^{s} P(f; z_j) \right\} + O\left(\left(\frac{1}{R'} + \varepsilon\right)^n\right). \tag{2.28}$$

5. 解析性与渐近性: 代数奇点

同样, 令 $f(z)$ 在包含原点的某个区域是解析的, 但现在假设最接近 0 的 f 的奇点 z_0 不是极点, 而是代数奇点 (分支点). 这意味着 $f(z) = (z_0 - z)^\alpha g(z)$, 其中 g 在 z_0 处解析, α 不是整数, 而是实数.

通过考虑 $f(zz_0)$ 而不是 $f(z)$, 可以不失一般性地假设 $z_0 = 1$. 因此, 我们需要研究一个在单位圆盘中解析的函数 f, 它在 $z = 1$ 处有一个分支点. 我们还将假设 $z_0 = 1$ 是 f 在某个磁盘 $|z| < 1 + \eta$ 中唯一的奇点, 其中 $\eta > 0$.

首先, 我们有 $f(z) = (1-z)^\alpha g(z)$, 这里 g 在 $z=1$ 处是解析的, 这样可以对 g 进行幂级数展开

$$g(z) = \sum_{k \geqslant 0} g_k (1-z)^k, \tag{2.29}$$

该级数在 $z=1$ 的邻域收敛, 因此可以得到 f 的展开式

$$f(z) = \sum_{k \geqslant 0} g_k (1-z)^{k+\alpha}. \tag{2.30}$$

通过类比亚纯函数的过程, 我们猜测上述级数展开中的每个连续项生成 f 系数的渐近展开的下一项, 这实际上是正确的. $f(z)$ 中 z^n 系数主要来自 (2.30) 中的第一项.

定理 2.14 (Darboux)   令 $v(z)$ 在圆盘 $|z| < 1+\eta$ 中解析, 并且假设在 $z=1$ 的邻域中, 有展开 $v(z) = \sum v_j (1-z)^j$. 令 $b \notin \{0,1,2,\cdots\}$, 有

$$[z^n]\left\{(1-z)^\beta v(z)\right\} = [z^n]\left\{\sum_{j=0}^m v_j(1-z)^{\beta+j}\right\} + O\left(n^{-m-\beta-2}\right)$$

$$= \sum_{j=0}^m v_j \binom{n-\beta-j-1}{n} + O\left(n^{-m-\beta-2}\right). \tag{2.31}$$

当收敛圆上只有一个代数奇点时, Darboux 方法的形式适用. 该方法可以扩展到存在几个这样的奇点的情况, 这里给出一个更一般的结果.

定理 2.15   令 $h(w)$ 在 $|w| < 1$ 上解析, 并且假设它在 $|w| = 1$ 上奇点 $\{e^{i\phi(k)}\}_1^r$ 数量有限, 假设在每个奇点 $e^{i\phi(k)}$ 上有展开

$$h(w) = \sum_{\nu \geqslant 0} c_\nu^{(k)} \left(1 - we^{-i\phi(k)}\right)^{\alpha_k + \nu\beta_k}, \tag{2.32}$$

其中 $\beta_k > 0$, 那么以下是 $h(w)$ 系数的完整渐近级数:

$$[w^n]\, h(w) \approx \sum_{\nu \geqslant 0} \sum_{k=1}^r c_\nu^{(k)} \binom{\alpha_k + \nu\beta_k}{n} \left(-e^{i\phi_k}\right)^n. \tag{2.33}$$

6. 解析性与渐近性: 海曼方法

在前面叙述中, 我们已经看到如何处理生成函数在有限平面上具有奇点的序列的渐近性. 本质上都是寻找离原点最近的奇点, 找到在奇点附近的性质与所讨论的生成函数的性质相同的简单函数, 然后证明该生成函数的系数的渐近性质是与在奇点附近表现相同的简单函数的系数相同的. 但是如果生成函数没有任何奇异性, 即如果它是一个整函数, 我们该如何处理?

海曼 (W. K. Hayman) 在他 1956 年的论文《Stirling 公式的概括》中, 提出了更精确地处理这种情况的相关机制. 此外, 他的方法对于组合理论中出现的生成函数非常有用, 因为这些函数往往具有非负实系数. 出于这个原因, 对于以任何原点为中心的圆, 这样的函数在该圆上的正实点处的模数最大. 海曼的方法在这样的函数上是最有效的. 海曼的机制不仅适用于整函数, 而且适用于所有解析函数, 即使是那些在有限平面上具有奇点的函数. 在实践中, 它最常用于整函数, 这主要是因为当奇点存在于有限平面时, 其他方法也是可行的.

令 $f(z)$ 在复平面中的圆盘 $|z| < R$ 中解析, 其中 $0 < R \leqslant \infty$, 进一步假设 $f(z)$ 是该方法的容许函数. 在操作上, 这仅仅意味着 $f(z)$ 是该方法起作用的函数, 下面我们将给出一些容许性的充分条件.

定义

$$M(r) = \max_{|z|=r}\{|f(z)|\}. \tag{2.34}$$

对于足够大的 r, 这将是容许性条件的结果.

$$M(r) = f(r), \tag{2.35}$$

这是因为, 正如前面所说的, 该方法针对的是在正实轴方向上取最大值的函数.

下面定义两个辅助函数:

$$a(r) = r\frac{f'(r)}{f(r)}, \tag{2.36}$$

以及

$$b(r) = ra'(r) = r\frac{f'(r)}{f(r)} + r^2\frac{f''(r)}{f(r)} - r^2\left(\frac{f'(r)}{f(r)}\right)^2. \tag{2.37}$$

主要结论如下.

定理 2.16　令 $f(z) = \sum a_n z^n$ 是一个容许函数, 令 r_n 为等式 $a(r_n) = n$ 的正实根, 对于 $n = 1, 2, \cdots$, 其中 $a(r)$ 由 (2.36) 定义, 有

$$a_n \sim \frac{f(r_n)}{r_n^n\sqrt{2\pi b(r_n)}}, \quad n \to +\infty, \tag{2.38}$$

其中, $b(r)$ 由 (2.37) 定义.

第一部分
均匀递归树的极限性质

均匀递归树是一种自然结构, 它是许多随机现象和算法的基础. 本部分研究了顶点距离以及位于递归树边缘的各种大小和形状的子树. 采用正态逼近的方法解决了任意两个顶点间的距离问题. 并在大小为 n 的随机递归树中给定 $k = k(n)$ 为子树的数量, 我们确定了三种情况: 当 $k(n)/\sqrt{n} \to 0$ 时的次临界情况; 当 $k(n) = O(\sqrt{n})$ 时的临界情况; 当 $k(n)/\sqrt{n} \to \infty$ 时的超临界情况. 对于固定的 k, 我们用压缩法证明了适当归一化时子树的数目是服从正态分布的, 由此证明了极限律可以逼近度量空间中分布方程的不动点解. 在超临界情况下, 可由平均值的增长率推导出来 $\mathcal{L}_1$ 收敛到 0. 为了分析子树个数的分布特征, 我们利用基于函数方程的解析方法来生成函数. 事实证明, 这种方法在组合分析中非常有效. 并且提到了 Pólya urns 方法. 最后, 给出了递归树边缘上给定固定树的同构图像的个数的一个相似的正态性情况 (涉及形状函数).

本部分安排如下: 第 3 章表述了均匀递归树的定义, 介绍了关于顶点距离计算的一些研究, 最后利用典型的极限理论中的正态逼近方法, 证明对任意的正整数列 $\{i_n\}$ $(i_n \leqslant n-1)$, 顶点 i_n 和 n 间的距离 $D_{i_n,n}$ 具有渐近正态性, 该部分主要参考了文献 (刘杰, 2008) 中有关顶点距离的内容. 第 4 章考虑了位于树边缘的各种的大小和形状的子树, 利用压缩法证明了适当归一和收缩的子树的数目是服从正态分布的. 并利用解析方法讨论了子树的个数, 该部分主要参考了文献 (Feng et al., 2008; Feng and Mahmoud, 2010).

第 3 章　均匀递归树的顶点距离

均匀递归树是一种自然结构, 它是许多随机现象和算法的基础, 而距离理论是现代概率论的重要组成部分, 更是现在极限理论的核心内容之一. 对极限性质的研究归根到底就是对各种不同收敛性的研究. 本章研究了均匀递归树的顶点距离, 试图运用典型的极限理论中的正态逼近方法, 证明对任意的正整数列 $\{i_n\}$ $(i_n \leqslant n-1)$, 顶点 i_n 和 n 间的距离 $D_{i_n,n}$ 具有渐近正态性.

本章安排如下: 3.1 节介绍了均匀递归树的定义, 3.2 节简单介绍了一些关于顶点距离的研究, 3.3 节给出了任意两个顶点间距离的计算方法.

3.1　均匀递归树的定义

递归树是基于很多随机现象和计算机算法的一种结构模型. 顶点集为 $\{1, 2, \cdots, n\}$ 的递归树构造过程如下:

第 1 步, 将所有顶点放在一个平面上;

第 2 步, 将顶点 1 固定为根点, 并把顶点 2 连接在顶点 1 下面, 以顶点 1 作为顶点 2 的父点;

第 3 步, 从集合 $\{1,2\}$ 中随机选取一个顶点作为顶点 3 的父点, 选取顶点 1 和 2 的概率分别为 $p_{2,1}$ 和 $p_{2,2}$, 其中, $0 \leqslant p_{2,1}, p_{2,2} \leqslant 1$, 且 $p_{2,1} + p_{2,2} = 1$;

$\cdots\cdots$

第 $k+1$ 步, 从集合 $\{1,2,\cdots,k\}$ 中随机选取一个顶点作为顶点 $k+1$ 的父点, 选取顶点 i 的概率为

$$p_{k,i}, \quad i = 1, 2, \cdots, k,$$

其中, $0 \leqslant p_{k,i} \leqslant 1$, 且 $\sum_{i=1}^{k} p_{k,i} = 1$;

$\cdots\cdots$

第 n 步, 从集合 $\{1,2,\cdots,n-1\}$ 中随机选取一个顶点作为顶点 n 的父点, 选取顶点 j 的概率为

$$p_{n-1,j}, \quad j = 1, 2, \cdots, n-1,$$

其中, $0 \leqslant p_{n-1,j} \leqslant 1$, 且 $\sum_{i=1}^{n-1} p_{k,j} = 1$.

经过这样的 n 步之后, 可以得到以顶点 1 为根点的一个根树, 称之为 *递归树*. 特别地, 如果

$$p_{k,i} = \frac{1}{k}, \quad i = 1, 2, \cdots, k; \quad k = 1, 2, \cdots, n-1,$$

即在递归树构造过程的每一步中, 都将新的顶点以相等的概率与已有的顶点连接, 那么所得到的递归树就称为 *均匀递归树*.

于是, 显然有, 大小为 n 的递归树一共有 $(n-1)!$ 种, 所有大小为 n 的递归树出现的概率都是一样的, 即为 $\dfrac{1}{(n-1)!}$. 此外, 由上述均匀递归树的构造过程可知均匀递归树中任一条由根点到叶点的路径上的顶点标号均是递增的. 关于均匀递归树更多的概率性质, 可参阅文献 (Smythe and Mahmoud, 1994).

特别地, 当 $n = 4$ 时, 大小为 4 的递归树有六种, 出现的概率各为 1/6. 图 3.1 具体给出了这 6 个递归树.

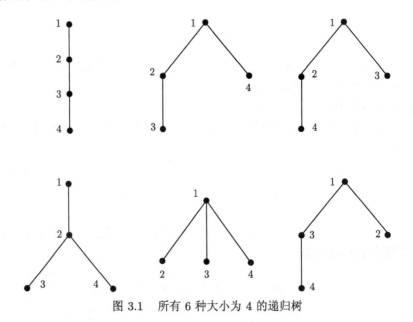

图 3.1 所有 6 种大小为 4 的递归树

很多作者都研究过均匀递归树. 如 Mahmoud (1991), Dobrow 和 Fill (1999) 研究了路径总长 (即所有顶点到根点的距离之和), 前者证得了路径总长经正则化后收敛到某个非退化的随机变量, 而后者得出了此极限是 "Quicksort" 型的, 从而不满足中心极限定理; Neininger (2002) 还考察了 Wiener 指数 (即所有顶点间的距离之和) 和路径总长的联合极限分布, 同时提到了随机选定的两个顶点之间的距离. 关于各代顶点的数目, Meir 和 Moon(1978a, 1978b) 给出了精确分布 (第一

代顶点的个数即根点的度数), Fuchs 等 (2006) 进一步考察了其极限性质; Devroye 和 Lu(1995), Goh 和 Schmutz(2002) 均考察了顶点的最大度数, 分别得到了大数定律和极限分布; 关于给定度数的顶点数目, Najock 和 Heyde (1982), Meir 和 Moon(1988) 分别考察了叶 (即度数为 1 的顶点) 和出度 (即子点个数) 为 1 的顶点的个数; 利用 Pólya 罐模型, Mahmoud 和 Smythe (1992) 讨论了出度为 0, 1, 2 的顶点的数目, 得出了它们的联合极限分布是多元正态的结论; Janson (2005) 将他们的结论推广到了所有不同出度的顶点数目. 关于子树问题, Mahmoud 和 Smythe (1991) 考察了以任意顶点 k 为根点的子树大小和其上叶点的数目的极限分布.

同时, 不少作者对均匀递归树作了变形或推广, 参阅文献 (Szymański, 1987; Mahmoud et al., 1993; Dobrow and Smythe, 1996; Mahmoud, 2004; Panholzer and Prodinger, 2004) 等.

3.2 顶点距离的相关研究

如果记 $D_{i,j}$ 为均匀递归树上的任何两个顶点 i 与 j 之间的距离, 即连接该两顶点的唯一路径的长度. 对于大小为 n 的均匀递归树上的 $D_{i,j}$, 已有很多文献作过讨论.

Moon(1974) 推导了 $D_{i,j}$ 的期望和方差.

定理 3.1 在大小为 n 的均匀递归树中, 对任意 $1 \leqslant i < n$, 有

$$\mathbf{E}D_{i,n} = H_i + H_{n-1} - 2 + \frac{1}{i},$$

$$\mathbf{Var}D_{i,n} = H_i + H_{n-1} - 3H_i^{(2)} - H_{n-1}^{(2)}$$
$$+ 4 - \frac{4H_i}{i} + \frac{3}{i} - \frac{1}{i^2},$$

其中,

$$H_k := \sum_{j=1}^{k} \frac{1}{j}; \quad H_k^{(2)} := \sum_{j=1}^{k} \frac{1}{j^2}.$$

Su 等 (2006) 在分析均匀递归树的分支结构时, 发现顶点 n 的深度 (即 $D_{1,n}$) 同分布于树的分支的个数, 得到了 $D_{1,n}$ 的 Marcinkiewicz 强大数律和重对数律.

定理 3.2 在大小为 n 的均匀递归树中, 对任何 $1 \leqslant p < 2$, 当 $n \to \infty$ 时, 我们都有

$$\frac{D_{1,n} - \ln n}{\ln^{1/p} n} \to 0, \quad \text{a.s.}.$$

特别地,

$$\frac{D_{1,n}}{\ln n} \to 1, \quad \text{a.s.},$$

且

$$\limsup_{n\to\infty} \frac{D_{1,n} - \ln n}{\sqrt{2\ln n \ln\ln\ln n}} = 1 \quad \text{a.s.};$$

$$\liminf_{n\to\infty} \frac{D_{1,n} - \ln n}{\sqrt{2\ln n \ln\ln\ln n}} = -1 \quad \text{a.s..}$$

他们还推导出 $D_{1,n}$ 的精确分布, 并论证了其结果与 Szymański(1990) 得到的结论是等价的.

定理 3.3　在大小为 n 的均匀递归树中, 若记

$$\beta_{n,\,0} := 1,$$
$$\beta_{n,\,k} := \sum_{1\leqslant m_1 < \cdots < m_k \leqslant n-2} m_1 \cdots m_k, \qquad k = 1, 2, \cdots, n-2,$$

其中, m_k 皆只能取整数. 则当 $n \geqslant 2$ 时,

$$\mathbf{P}(D_{1,n} = k) = \frac{\beta_{n,n-1-k}}{(n-1)!}, \quad k = 1, \cdots, n-1.$$

同时也得到了 $D_{1,n}$ 的中心极限定理, 这也进一步验证了 Devroye(1988) 和 Mahmoud(1991) 早前的结论如下.

定理 3.4　在大小为 n 的均匀递归树中, 当 $n \to \infty$ 时

$$\frac{D_{1,n} - \ln n}{\sqrt{\ln n}} \xrightarrow{\mathcal{D}} \mathcal{N}(0, 1).$$

Borovkov 和 Vatutin (2006) 考虑了随机环境下的均匀递归树, 研究从新插入的顶点到树的根的距离的渐近行为, 以及当步数趋向于零时输出顶点平均数的渐近行为.

定理 3.5　如果

$$\mathbf{E}\theta = 0, \quad \sigma^2 := \mathbf{E}\theta^2 > 0, \quad \mathbf{E}|\theta|^{2+\delta} < \infty, \quad \text{对于 } \delta > 0,$$

则当 $n \to \infty$ 时,

$$\zeta_n := \frac{1}{\sqrt{n}} \sum_{j=1}^{n} p_j(j) \xrightarrow{\mathcal{D}} \sigma_m \max_{0\leqslant u\leqslant 1} B(u), \quad \sigma_m := \sigma \int_0^\infty \frac{m(dy)}{y} < \infty,$$

其中 $\{B(u)\}_{u\geqslant 0}$ 是标准布朗运动.

推论 3.1 在定理 3.5 的基础上, 可知

$$\frac{D_{1,n}}{\sqrt{n}} \xrightarrow{\mathcal{D}} \sigma_m \max_{0 \leqslant u \leqslant 1} B(u), \quad \text{当 } n \to \infty \text{ 时,}$$

即对任意 $x > 0$,

$$\mathbf{P}\left(D_{1,n} > \sigma_m \sqrt{n}x\right) \to 2(1 - \Phi(x)),$$

其中 Φ 是标准正态分布.

Dobrow(1996) 发现对任意的 $1 \leqslant i < n$, $D_{i,n}$ 同分布于一些独立 Bernoulli 随机变量与 $D_{i,i+1}$ 的和.

定理 3.6 在大小为 n 的均匀递归树 $\mathcal{T}_n$ 中, 对任意 $1 \leqslant i < n$, 有

$$D_{i,n} \overset{\mathcal{D}}{=} \left(\bigoplus_{k=i+1}^{n-1} \mathrm{Be}(1/k)\right) \oplus D_{i,i+1},$$

其中, $X \oplus Y$ 表示独立随机变量的和, $\mathrm{Be}(p)$ 表示参数为 p 的 Bernoulli 随机变量.

特别地, 对任意 $1 \leqslant i \leqslant n$, 他们还给出了 $D_{i,i+1}$ 的精确分布.

定理 3.7 在大小为 n 的均匀递归树中, 当 $i \geqslant 1$ 时,

$$D_{i,i+1} \overset{\mathcal{D}}{=} \frac{1}{i} \sum_{k=1}^{i \wedge 2} \delta_k + \sum_{j=0}^{i-3} \frac{2}{(i-j)(i-j-1)} \left(3 + \sum_{k=0}^{j-1} \mathrm{Be}\left(\frac{2}{i-k}\right)\right).$$

对固定的 i 和 $1 \leqslant d \leqslant i$,

$$\mathbf{P}(D_{i,i+1} = d)$$
$$= \begin{cases} 1/i, & d = 1, 2, \\ 2(i-2)/(i(i-1)), & d = 1, 2, \\ \dfrac{2^{d-2}}{i!} \sum_{j=d-4}^{i-4} (i-j-3)! \sum_{k=d-3}^{j+1} s(j+1, k) \dbinom{k}{d-3} (i-2)^{k-d+3}, & d > 3, \end{cases}$$

其中, δ_k 为只取值 k 的退化随机变量, $i \wedge j := \min\{i, j\}$, $\mathrm{Be}(p)$ 表示参数为 p 的 Bernoulli 随机变量, Stirling 数 $s(n, k)$ 表示多项式 $x(x+1) \cdots (x+n-1)$ 的展开式中 x^k 项的系数.

Dobrow(1996) 还得到了 $D_{n-1,n}$ 的渐近正态性, 并且对任意 $0 < \lambda < 1$, 证明了当 $n^* := \lfloor \lambda n \rfloor$ 时, $D_{n^*,n}$ 仍具有渐近正态性.

定理 3.8 在大小为 n 的均匀递归树中, 对任意 $0 < \lambda < 1$, 若记 $n^* := \lfloor \lambda n \rfloor$, 则当 $n \to \infty$ 时

$$\frac{D_{n-1,n} - 2 \ln n}{\sqrt{2 \ln n}} \xrightarrow{\mathcal{D}} \mathcal{N}(0, 1),$$

$$\frac{D_{n^*,n} - 2\ln n}{\sqrt{2\ln n}} \xrightarrow{\mathcal{D}} \mathcal{N}(0,1),$$

其中, 符号 $\lfloor \lambda \rfloor$ 表示不大于 λ 的最大整数.

Dobrow 和 Smythe(1996) 考察了几种增长树中节点之间的距离, 这其中就包括均匀递归树, 他们用泊松逼近的方法证明了: 对于 $i_n = O(\ln n)$, 当均匀递归树的大小 $n \to \infty$ 时, $D_{i_n,n}$ 也具有渐近正态性.

到目前为止, 所有的关于均匀递归树中顶点间距离的文献, 都是考虑加了限制条件的一部分顶点间的距离的极限性质, 并没有能完整统一地解决任意两个顶点间的距离的问题, 在下一节中, 我们采用正态逼近的方法, 很好地解决了这一问题, 给出了完整的回答.

3.3   任意两个顶点间的距离

基于以上的结论, 试图运用典型的极限理论中的正态逼近方法, 证明对任意的正整数列 $\{i_n\}$ $(i_n \leqslant n-1)$, 顶点 i_n 和 n 间的距离 $D_{i_n,n}$ 具有渐近正态性. 这里, 正整数列 $\{i_n\}$ 不再有任何限制, 只需满足条件 $i_n \leqslant n-1$, 它可以是常数序列, 也可以不是常数序列, 而数列 $\left\{\dfrac{i_n}{n}\right\}$ 可以存在极限, 也可以不存在极限.

首先, 我们可以得到一般的场合下 $D_{i_n,n}$ 的弱大数律, 即如下结论.

定理 3.9   对任何满足条件 $i_n \leqslant n-1$ 的正整数列 $\{i_n\}$, 当 $n \to \infty$ 时, 都有

$$\frac{D_{i_n,n}}{\ln n + \ln i_n} \xrightarrow{\mathcal{P}} 1.$$

证明   由定理 3.1 知, 对任何正整数 $i_n < n$, 当 $n \to \infty$ 时, 都有

$$\mathbf{E}D_{i_n,n} = \ln n + \ln i_n + O(1), \tag{3.1}$$

$$\mathbf{Var}D_{i_n,n} = \ln n + \ln i_n + O(1). \tag{3.2}$$

写

$$\begin{aligned}
\frac{D_{i_n,n}}{\ln n + \ln i_n} - 1 &= \frac{D_{i_n,n} - \ln n - \ln i_n}{\ln n + \ln i_n} \\
&= \frac{D_{i_n,n} - \mathbf{E}D_{i_n,n}}{\ln n + \ln i_n} + \frac{\mathbf{E}D_{i_n,n} - \ln n - \ln i_n}{\ln n + \ln i_n},
\end{aligned}$$

显然有

$$\frac{\mathbf{E}D_{i_n,n} - \ln n - \ln i_n}{\ln n + \ln i_n} = \frac{O(1)}{\ln n + \ln i_n} \to 0, \quad n \to \infty.$$

因此, 只需证明

$$\frac{D_{i_n,n} - \mathbf{E}D_{i_n,n}}{\ln n + \ln i_n} \xrightarrow{\mathcal{P}} 0, \quad n \to \infty. \tag{3.3}$$

而对任何正整数 $i_n < n$, 当 $n \to \infty$ 时, 都有

$$\mathbf{E}\left(\frac{D_{i_n,n} - \mathbf{E}D_{i_n,n}}{\ln n}\right)^2 = \frac{\mathbf{Var}D_{i_n,n}}{\ln^2 n} = \frac{\ln n + \ln i_n + O(1)}{\ln^2 n} \to 0,$$

这显然蕴涵了结论 (3.3). □

推论 3.2 若 $\liminf\limits_{n\to\infty} \dfrac{i_n}{n} > 0$, 则当 $n \to \infty$ 时, 有

$$\frac{D_{i_n,n}}{\ln n} \xrightarrow{\mathcal{P}} 2.$$

证明 因为此时有 $\lim\limits_{n\to\infty} \dfrac{\ln i_n}{\ln n} = 1$. □

对于 $D_{i_n,n}$ 中心极限定理的讨论较为复杂, 需要先给出两个引理.

引理 3.1 设 $\{X_{n,k}: k = 1, \cdots, k_n; n = 1, 2, \cdots\}$ 是独立随机变量组序列, 即对于每个 n, 随机变量 $X_{n,1}, \cdots, X_{n,k_n}$ 都相互独立. 则 $V_n = \sum_{k=1}^{k_n} X_{n,k}$ 依分布收敛到标准正态分布 $\mathcal{N}(0,1)$, 并且一致无穷小条件成立的充分必要条件是: 对任意给定的 $\varepsilon > 0$, 在 $n \to \infty$ 时, 都有

(1) $\sum_{k=1}^{k_n} \mathbf{P}(|X_{n,k}| \geqslant \varepsilon) \to 0$;

(2) $\sum_{k=1}^{k_n} \mathbf{Var}X_{n,k}I(|X_{n,k}| < \varepsilon) \to 1$;

(3) $\sum_{k=1}^{k_n} \mathbf{E}X_{n,k}I(|X_{n,k}| < \varepsilon) \to 0$.

证明 参阅文献 (Petrov, 1995) 第 113 页中的定理 4.1. □

引理 3.2 如果对任何 n, 随机变量 X_n 都与 Y_n 独立, 并且

$$X_n \xrightarrow{\mathcal{D}} \mathcal{N}(0,1),$$
$$Y_n \xrightarrow{\mathcal{D}} \mathcal{N}(0,1),$$

则对任何满足条件 $a_n^2 + b_n^2 = 1$ 的实数数列 $\{a_n, b_n\}_{n\geqslant 1}$, 都有

$$a_n X_n + b_n Y_n \xrightarrow{\mathcal{D}} \mathcal{N}(0,1).$$

证明 分别将 X_n 与 Y_n 的特征函数记作 $f_n(t)$ 和 $g_n(t)$, 则 $a_n X_n + b_n Y_n$ 的特征函数为 $f_n(a_n t)g_n(b_n t)$. 为证引理, 只需证明对任何非 0 实数 t, 都有

$$\lim_{n\to\infty} f_n(a_n t)g_n(b_n t) = e^{-\frac{t^2}{2}}.$$

易知

$$\left| f_n(a_n t) g_n(b_n t) - e^{-\frac{t^2}{2}} \right| = \left| f_n(a_n t) g_n(b_n t) - e^{-\frac{a_n^2 t^2}{2}} e^{-\frac{b_n^2 t^2}{2}} \right|$$

$$\leqslant \left| f_n(a_n t) g_n(b_n t) - e^{-\frac{a_n^2 t^2}{2}} g_n(b_n t) \right|$$

$$+ \left| e^{-\frac{a_n^2 t^2}{2}} g_n(b_n t) - e^{-\frac{a_n^2 t^2}{2}} e^{-\frac{b_n^2 t^2}{2}} \right|$$

$$\leqslant \left| f_n(a_n t) - e^{-\frac{a_n^2 t^2}{2}} \right| + \left| g_n(b_n t) - e^{-\frac{b_n^2 t^2}{2}} \right|.$$

由于 X_n 与 Y_n 都依分布收敛到标准正态分布 $\mathcal{N}(0,1)$, 所以

$$\lim_{n\to\infty} f_n(t) = e^{-\frac{t^2}{2}},$$

$$\lim_{n\to\infty} g_n(t) = e^{-\frac{t^2}{2}},$$

并且在关于 t 的任何有界闭区间上一致收敛. 注意到 $a_n^2 + b_n^2 = 1$, 则有 $|a_n| \leqslant 1$, $|b_n| \leqslant 1$. 从而当 $n \to \infty$ 时, 就有

$$\left| f_n(a_n t) - e^{-\frac{a_n^2 t^2}{2}} \right| \leqslant \sup_{s\in[-|t|,|t|]} \left| f_n(s) - e^{-\frac{s^2}{2}} \right| \to 0;$$

$$\left| g_n(b_n t) - e^{-\frac{b_n^2 t^2}{2}} \right| \leqslant \sup_{s\in[-|t|,|t|]} \left| g_n(s) - e^{-\frac{s^2}{2}} \right| \to 0.$$

综合上述, 即得引理结论.   □

定理 3.10 对于均匀递归树而言, 对任何满足条件 $\lim\limits_{n\to\infty} i_n = \infty$ 的正整数列, 当 $n \to \infty$ 时, 都有

$$\frac{D_{i_n, i_n+1} - 2\ln i_n}{\sqrt{2\ln i_n}} \xrightarrow{\mathcal{D}} \mathcal{N}(0,1).$$

证明 事实上, 由均匀递归树的造树规则知, 在大小为 n 的均匀递归树上, D_{i_n, i_n+1} 与编号大于 $i_n + 1$ 的顶点无关, 因此 D_{i_n, i_n+1} 就是大小为 $i_n + 1$ 的均匀递归树上两个最大号码顶点之间的距离, 故由定理 3.8 即得结论.   □

为了得到一般场合下 $D_{i_n, n}$ 的中心极限定理, 我们先来证明某些特殊场合下的 $D_{i_n, n}$ 的中心极限定理.

定理 3.11 若 $\lim\limits_{n\to\infty} \dfrac{i_n}{n} = 0$, 或 $\liminf\limits_{n\to\infty} \dfrac{i_n}{n} > 0$, 则当 $n \to \infty$ 时, 都有

$$\frac{D_{i_n, n} - \ln n - \ln i_n}{\sqrt{\ln n + \ln i_n}} \xrightarrow{\mathcal{D}} \mathcal{N}(0,1).$$

证明 由定理 3.6 知, 存在独立随机变量序列 $\{\xi_k\}$, 其中 ξ_k 为以 $\dfrac{1}{k}$ 为参数的 Bernoulli 随机变量, 使得

$$D_{i_n,n} \overset{\mathcal{D}}{=} \sum_{k=i_n+1}^{n-1} \xi_k + D_{i_n,i_n+1}, \tag{3.4}$$

并且 $\xi_{i_n+1}, \cdots, \xi_n$ 与 D_{i_n,i_n+1} 独立. 因此由定理 3.1 知, 当 $n \to \infty$ 时, 有

$$\mathbf{E}D_{i_n,n} = \sum_{k=i_n+1}^{n-1} \frac{1}{k} + \mathbf{E}D_{i_n,i_n+1}$$
$$= H_{n-1} - H_{i_n} + 2\ln i_n + O(1);$$
$$\mathbf{Var}D_{i_n,n} = \sum_{k=i_n+1}^{n-1} \frac{1}{k}\left(1 - \frac{1}{k}\right) + \mathbf{Var}D_{i_n,i_n+1}$$
$$= H_{n-1} - H_{i_n} + 2\ln i_n + O(1).$$

注意到, 当 $\lim\limits_{n\to\infty} \dfrac{i_n}{n} = 0$ 时, 有

$$\lim_{n\to\infty} (\ln n - \ln i_n) = \lim_{n\to\infty} \ln \frac{n}{i_n} = \infty.$$

我们写

$$\frac{D_{i_n,n} - \ln n - \ln i_n}{\sqrt{\ln n + \ln i_n}} \overset{\mathcal{D}}{=} \frac{\displaystyle\sum_{k=i_n+1}^{n-1} \xi_k + D_{i_n,i_n+1} - \ln n - \ln i_n}{\sqrt{\ln n + \ln i_n}}$$
$$= \frac{\displaystyle\sum_{k=i_n+1}^{n-1} \xi_k - \ln n + \ln i_n}{\sqrt{\ln n + \ln i_n}} + \frac{D_{i_n,i_n+1} - 2\ln i_n}{\sqrt{\ln n + \ln i_n}}$$
$$= \frac{\displaystyle\sum_{k=i_n+1}^{n-1}\left(\xi_k - \frac{1}{k}\right)}{\sqrt{\ln n - \ln i_n}}\sqrt{\frac{\ln n - \ln i_n}{\ln n + \ln i_n}}$$
$$+ \frac{D_{i_n,i_n+1} - 2\ln i_n}{\sqrt{2\ln i_n}}\sqrt{\frac{2\ln i_n}{\ln n + \ln i_n}}$$
$$+ \frac{\displaystyle\sum_{k=i_n+1}^{n-1}\frac{1}{k} - \ln n + \ln i_n}{\sqrt{\ln n + \ln i_n}}. \tag{3.5}$$

显然有 $\sum_{k=i_n+1}^{n-1} \dfrac{1}{k} - (\ln n - \ln i_n) = O(1)$, 所以

$$\lim_{n\to\infty} \frac{\displaystyle\sum_{k=i_n+1}^{n-1} \frac{1}{k} - \ln n + \ln i_n}{\sqrt{\ln n + \ln i_n}} = 0, \tag{3.6}$$

我们记

$$V_n := \frac{\displaystyle\sum_{k=i_n+1}^{n-1} \left(\xi_k - \frac{1}{k} \right)}{\sqrt{\ln n - \ln i_n}},$$

$$W_n := \frac{D_{i_n, i_n+1} - 2\ln i_n}{\sqrt{2\ln i_n}};$$

$$a_n := \sqrt{\frac{\ln n - \ln i_n}{\ln n + \ln i_n}},$$

$$b_n := \sqrt{\frac{2\ln i_n}{\ln n + \ln i_n}}.$$

于是, 只需证明

$$a_n V_n + b_n W_n \xrightarrow{\mathcal{D}} \mathcal{N}(0,1). \tag{3.7}$$

显然有 $a_n^2 + b_n^2 = 1$; 并且对每个 n, 随机变量 V_n 都与 W_n 相互独立. 如果 $i_n = O(1)$, 则 $\lim_{n\to\infty} b_n = 0$; 如果 $\lim_{n\to\infty} i_n = \infty$, 则由定理 3.10 知

$$W_n \xrightarrow{\mathcal{D}} \mathcal{N}(0,1).$$

于是, 由引理 3.2 知, 为证定理中我们的断言, 只需证明

$$V_n \xrightarrow{\mathcal{D}} \mathcal{N}(0,1). \tag{3.8}$$

写

$$X_{n,k} = \frac{\xi_{k+i_n} - \dfrac{1}{k+i_n}}{\sqrt{\ln n - \ln i_n}}, \quad k = 1, 2, \cdots, n-1-i_n.$$

由于 $\ln n - \ln i_n \to \infty$, 所以对任意给定的 $\varepsilon > 0$, 只要 n 充分大, 就有 $\sqrt{\ln n - \ln i_n}\,\varepsilon$

> 1, 而对任何 k, 都有 $\left| \xi_k - \dfrac{1}{k} \right| \leqslant 1$, 所以当 n 充分大时, 就有

$$(|X_{n,k}| \geqslant \varepsilon) = \left(\left| \xi_{k+i_n} - \frac{1}{k+i_n} \right| \geqslant \sqrt{\ln n - \ln i_n}\, \varepsilon \right) = \varnothing;$$

$$X_{n,k} I(|X_{n,k}| < \varepsilon) = X_{n,k} = \frac{\xi_{k+i_n} - \dfrac{1}{k+i_n}}{\sqrt{\ln n - \ln i_n}}.$$

因而就有

$$\sum_{k=1}^{n-1-i_n} \mathbf{P}(|X_{n,k}| \geqslant \varepsilon) = \sum_{k=1}^{k_n} \mathbf{P}\left(\left| \xi_{k+i_n} - \frac{1}{k+i_n} \right| \geqslant \sqrt{\ln n - \ln i_n}\, \varepsilon \right) = 0;$$

$$\sum_{k=1}^{n-1-i_n} \mathbf{E} X_{n,k} I(|X_{n,k}| < \varepsilon) = \sum_{k=1}^{n-1-i_n} \mathbf{E} \frac{\xi_{k+i_n} - \dfrac{1}{k+i_n}}{\sqrt{\ln n - \ln i_n}} = 0;$$

$$\sum_{k=1}^{n-1-i_n} \mathbf{Var} X_{n,k} I(|X_{n,k}| < \varepsilon) = \sum_{k=1}^{n-1-i_n} \frac{\dfrac{1}{k+i_n}\left(1 - \dfrac{1}{k+i_n}\right)}{\ln n - \ln i_n} \to 1.$$

故由引理 3.1 知 (3.8) 成立, 再由引理 3.2 知 (3.7) 成立, 并且得证定理之结论.

当 $\lambda := \liminf\limits_{n\to\infty} \dfrac{i_n}{n} > 0$ 时, 我们写

$$\frac{D_{i_n,n} - \ln n - \ln i_n}{\sqrt{\ln n + \ln i_n}} \overset{\mathcal{D}}{=} \frac{\displaystyle\sum_{k=i_n+1}^{n-1} \xi_k + D_{i_n, i_n+1} - \ln n - \ln i_n}{\sqrt{\ln n + \ln i_n}}$$

$$= \frac{\displaystyle\sum_{k=i_n+1}^{n-1} \left(\xi_k - \frac{1}{k} \right)}{\sqrt{\ln n + \ln i_n}} + \frac{D_{i_n, i_n+1} - 2\ln i_n}{\sqrt{\ln n + \ln i_n}}$$

$$+ \frac{\displaystyle\sum_{k=i_n+1}^{n-1} \frac{1}{k} - \ln n + \ln i_n}{\sqrt{\ln n + \ln i_n}}.$$

显然有 (3.6) 式成立. 又因为现在有

$$\limsup_{n\to\infty} \ln \frac{n}{i_n} = \ln \frac{1}{\lambda} < \infty,$$

$$\sum_{k=i_n+1}^{n-1} \frac{1}{k} = \ln \frac{n}{i_n} + O(1) = O(1),$$

所以

$$\mathbf{E}\left(\frac{\sum_{k=i_n+1}^{n-1}\left(\xi_k-\frac{1}{k}\right)}{\sqrt{\ln n+\ln i_n}}\right)^2=\frac{\sum_{k=i_n+1}^{n-1}\frac{1}{k}\left(1-\frac{1}{k}\right)}{\ln n+\ln i_n}$$

$$=\frac{O(1)}{\ln n+\ln i_n}\to 0,\quad n\to\infty.$$

这显然蕴涵

$$\frac{\sum_{k=i_n+1}^{n-1}\left(\xi_k-\frac{1}{k}\right)}{\sqrt{\ln n+\ln i_n}}\xrightarrow{\mathcal{P}}0.$$

最后, 我们有

$$\frac{D_{i_n,i_n+1}-2\ln i_n}{\sqrt{\ln n+\ln i_n}}=\frac{D_{i_n,i_n+1}-2\ln i_n}{\sqrt{2\ln i_n}}\cdot\sqrt{\frac{2\ln i_n}{\ln n+\ln i_n}}=W_nb_n,$$

在现在的情形下, 显然有

$$\lim_{n\to\infty}b_n^2=\lim_{n\to\infty}\frac{2\ln i_n}{\ln n+\ln i_n}=1,$$

而定理 3.10 蕴涵 $W_n\xrightarrow{\mathcal{D}}\mathcal{N}(0,1)$. 综合上述事实, 并由 Slutsky 引理, 即明所欲证.
□

推论 3.3　对任意固定的正整数 i, 则当 $n\to\infty$ 时, 都有

$$\frac{D_{i,n}-\ln n}{\sqrt{\ln n}}\xrightarrow{\mathcal{D}}\mathcal{N}(0,1).$$

证明　因为此时 $\lim_{n\to\infty}\frac{\ln i}{\ln n}=0$.
□

接下来我们要证明本章中的最主要的结论: 以下假设 $\{i_n\}$ 是满足条件 $i_n\leqslant n-1$ 的任何正整数列. 可以是常数序列, 也可以不是常数序列, $\left\{\frac{i_n}{n}\right\}$ 可以存在极限, 也可以不存在极限.

定理 3.12　对任何满足条件 $i_n\leqslant n-1$ 的正整数列 $\{i_n\}$, 当 $n\to\infty$ 时, 都有

$$\frac{D_{i_n,n}-\ln n-\ln i_n}{\sqrt{\ln n+\ln i_n}}\xrightarrow{\mathcal{D}}\mathcal{N}(0,1).$$

证明 由于 $0 < \dfrac{i_n}{n} < 1$, 所以在定理 3.11 的基础上, 我们只需考察

$$0 = \liminf_{n \to \infty} \frac{i_n}{n} < \limsup_{n \to \infty} \frac{i_n}{n} \leqslant 1$$

的情形. 此时, 相应地有

$$0 \leqslant \liminf_{n \to \infty} \ln \frac{n}{i_n} < \infty;$$

$$\limsup_{n \to \infty} \ln \frac{n}{i_n} = \infty.$$

根据 i_n 的形状, 将正整数集合 $\mathbb{N}$ 分为两个互不相交的子集:

$$\mathbb{N}' = \left\{ n' : \ n' \in \mathbb{N}, \ \ln \frac{n'}{i_{n'}} \geqslant \sqrt{\ln n'} \right\};$$

$$\mathbb{N}'' = \left\{ n'' : \ n'' \in \mathbb{N}, \ \ln \frac{n''}{i_{n''}} < \sqrt{\ln n''} \right\}.$$

在我们所考虑的情形下, $\mathbb{N}'$ 与 $\mathbb{N}''$ 都是无限集.

对于 $n' \in \mathbb{N}'$, 我们有

$$\lim_{n' \to \infty} \ln \frac{n'}{i_{n'}} \geqslant \lim_{n' \to \infty} \sqrt{\ln n'} = \infty,$$

从而有 $\lim\limits_{n' \to \infty} \dfrac{n'}{i_{n'}} = \infty$, 或写为 $\lim\limits_{n' \to \infty} \dfrac{i_{n'}}{n'} = 0$, 于是根据定理 3.11, 即知

$$\frac{D_{i_{n'},n'} - \ln n' - \ln i_{n'}}{\sqrt{\ln n' + \ln i_{n'}}} \overset{\mathcal{D}}{\longrightarrow} \mathcal{N}(0,1).$$

对于 $n'' \in \mathbb{N}''$, 我们仍然采用表达式 (3.5), 显然有 (3.6) 式成立, 故只需证明 (3.7). 注意此时有 $\ln n'' - \sqrt{\ln n''} < \ln i_{n''} < \ln n''$, 所以

$$\lim_{n'' \to \infty} i_{n''} = \infty,$$

$$\lim_{n'' \to \infty} b_{n''} = \lim_{n'' \to \infty} \sqrt{\frac{2 \ln i_{n''}}{\ln n'' + \ln i_{n''}}} = 1.$$

由 $\lim\limits_{n'' \to \infty} i_{n''} = \infty$ 和定理 3.10 立知

$$W_{n''} \overset{\mathcal{D}}{\longrightarrow} \mathcal{N}(0,1).$$

与此同时, 我们有

$$\mathbf{E}(a_{n''} V_{n''})^2 = \frac{\displaystyle\sum_{k=i_{n''}+1}^{n''-1} \frac{1}{k}\left(1 - \frac{1}{k}\right)}{\ln n'' + \ln i_{n''}}$$

$$= \frac{\displaystyle\sum_{k=i_{n''}+1}^{n''-1} \frac{1}{k}\left(1-\frac{1}{k}\right) - \ln n'' + \ln i_{n''}}{\ln n'' + \ln i_{n''}} + \frac{\ln n'' - \ln i_{n''}}{\ln n'' + \ln i_{n''}}$$

$$< \frac{\displaystyle\sum_{k=i_{n''}+1}^{n''-1} \frac{1}{k} - (\ln n'' - \ln i_{n''})}{\ln n'' + \ln i_{n''}} + \frac{1}{\sqrt{\ln n'' + \ln i_{n''}}}$$

$$\to 0,$$

此即表明 $a_{n''}V_{n''} \xrightarrow{\mathcal{P}} 0$. 综合上述, 并由 Slutsky 引理, 即得

$$a_{n''}V_{n''} + b_{n''}W_{n''} \xrightarrow{\mathcal{D}} \mathcal{N}(0,1),$$

亦即

$$\frac{D_{i_{n''},n''} - \ln n'' - \ln i_{n''}}{\sqrt{\ln n'' + \ln i_{n''}}} \xrightarrow{\mathcal{D}} \mathcal{N}(0,1).$$

综合上述两个方面, 即得定理中的断言.   □

第 4 章　均匀递归树子树的多样性

我们考虑位于递归树边缘的各种大小和形状的子树, 对于在大小为 n 的随机递归树中给定 $k = k(n)$ 的子树的数量, 确定了三种情况: 当 $k(n)/\sqrt{n} \to 0$ 时的次临界情况; 当 $k(n) = O(\sqrt{n})$ 时的临界情况; 当 $k(n)/\sqrt{n} \to \infty$ 时的超临界情况. 对于固定的 k, 我们用压缩法证明了适当归一化时子树的数目是服从正态分布的, 由此证明了极限律可以逼近度量空间中分布方程的不动点解. 在超临界情况下, $\mathcal{L}_1$ 收敛到 0 是由平均值的增长率推导出的. 为了分析子树个数的分布特征, 我们利用基于函数方程的解析方法来生成函数, 事实证明, 这种方法在组合分析中非常有效. 本章还提到了 Pólya urns 方法. 最后, 给出了递归树边缘上给定固定树的同构图像的个数的一个相似的正态性情况 (涉及形状函数).

本章安排如下: 4.1 节为分析给定大小 (可能与 n 有关) 的子树做了铺垫. 这其中包括基于均匀递归树的分解性质建立基础的随机递归式. 4.2 节展示了如何计算精确的矩. 具体地, 将在 4.2.1 小节中计算均值, 在 4.2.2 小节中计算方差. 并且在 4.2.2 小节中, 用均值和方差的增长率去识别临界情况及其相关的次临界和超临界情况, 每种情况都会有不同的收敛性. 并用解析方法讨论了子树的个数. 在 4.3 节中, 我们证明了固定大小的子树 (适当归一化) 数目的极限分布是正态分布. 并讨论了 Pólya 罐模型, 表明了收敛性可以加强为几乎处处收敛 (至少对于 $k = 3$ 是成立的). 最后, 在 4.4 节我们对固定形状的子树数目做了相似的论证. 主要论证是相似的, 提出了几个形状函数的定义, 最终都归于正态常量.

4.1　均匀递归子树大小的多样性

用 $S_{n,k}$ 来表示在大小为 n 的均匀递归树中, 作为根节点且其子树的大小为 k 的节点总数.(以某个节点为根节点的子树, 是指这个根节点后代节点的整个结构.) 即, $S_{n,k}$ 是在递归树边缘且大小为 k 的子树数目之和. 在本章的计数中, 树的根节点也会被计入树的大小中. 例如: 一个叶节点的根是大小为 1 的子树. $S_{n,k}$ 可应用于找出在一个连锁信计划中确定参与人数并找出获取一定利益的人.

为推导出当 $k < n$ 时 $S_{n,k}$ 的递归式, 我们运用分解的方法. 在 van der Hofstad 等 (2002) 的文章中, 以 2 为根节点的子树的大小服从 $\{1, \cdots, n-1\}$ 上的均匀分布. 令 U_n 为离散型随机变量, 如果子树以 2 为根节点, 那么这个子树就会从树中被移除, 剩下的部分与大小为 $n - U_n$ 的均匀递归树同构. 如果把以 2 为根

节点的子树当作特殊子树, 在大小为 k 的子树中生根的节点可以在特殊的子树中, 也可以在特殊子树之外. $S_{n,k}$ 可以分解为两部分, 一部分是大小为 k 且以特殊子树为根的子树的数目 (即 $S_{U_n,k}$), 另一部分是大小为 k 但根在特殊子树之外的子树数目, 分布如 $\tilde{S}_{n-U_n,k}$, 且条件独立于它们在特殊子树中的数量. 这种分解方法有个例外, 即当 $U_n = n - k$ 时, 我们将特殊树和非特殊树组合成一个完整的递归树 (大小为 n), 根节点 1 不再是大小为 k 的子树的根, 并且我们必须从总数中减去 1.

令 $\mathbf{1}_{\mathcal{E}}$ 为事件 $\mathcal{E}$ 的示性函数, 当 $\mathcal{E}$ 发生时取 1, 不发生则取 0. 则我们有下列分布等式 (当 $n > k$ 时) 成立:

$$S_{n,k} \overset{\mathcal{D}}{=} S_{U_n,k} + \tilde{S}_{n-U_n,k} - \mathbf{1}_{\{n-U_n=k\}}, \tag{4.1}$$

上式中 $\tilde{S}_{n-U_n,k} \overset{\mathcal{D}}{=} S_{n-U_n,k}$, 并且 $S_{U_n,k}$ 和 $\tilde{S}_{n-U_n,k}$ 是条件独立的. 条件独立是指: 虽然 $S_{U_n,k}$ 和 $\tilde{S}_{n-U_n,k}$ 是相关的 (因为它们都依赖于 U_n), 但当 U_n 已知时, 它们就会变得条件独立. 即对所有的 $i, j \geqslant 0$, 有 $S_{i,k}$ 和 $\tilde{S}_{j,k}$ 独立.

4.2　$S_{n,k}$ 矩的计算

尽管高阶的计算任务将变得十分复杂, 但式 (4.1) 对于计算阶依然有很大的帮助, 可以用它来计算一些较低的阶, 具体的计算过程将在下面的均值和方差中呈现. 对于 3 及其以上的阶, 计算会变得十分复杂, 故需要去寻找一些特殊的方法来辅助计算.

4.2.1　均值

根据随机变量对称性, 有 $U_n \overset{\mathcal{D}}{=} n - U_n$, 对于式 (4.1), 可知

$$\begin{aligned} \mathbf{E}[S_{n,k}] &= \mathbf{E}[S_{U_n,k}] + \mathbf{E}[\tilde{S}_{n-U_n,k}] - \mathbf{E}[\mathbf{1}_{\{n-U_n=k\}}] \\ &= \frac{2}{n-1} \sum_{j=1}^{n-1} \mathbf{E}[S_{j,k}] - \mathbf{P}(U_n = n - k) \\ &= \frac{2}{n-1} \sum_{j=1}^{n-1} \mathbf{E}[S_{j,k}] - \frac{1}{n-1}. \end{aligned}$$

命题 4.1　若令 $S_{n,k}$ 为大小是 n 的均匀递归树中大小为 k 的子树的数量, 其中 $n > k$, 则有

$$\mathbf{E}[S_{n,k}] = \frac{n}{k(k+1)}.$$

证明 区别 $\mathbf{E}[S_{n-1,k}]$ 和 $\mathbf{E}[S_{n,k}]$. 注意, 由于递归式 (4.1) 当且仅当 $n > k$ 时成立, 故这里必须取 $n-1 > k$, 得到

$$\mathbf{E}[S_{n,k}] = \frac{n}{n-1}\mathbf{E}[S_{n-1,k}],$$

上式当且仅当 $n > k+1$ 时成立. 等式右边可递归展开为

$$\begin{aligned}
\mathbf{E}[S_{n,k}] &= \frac{n}{n-1}\mathbf{E}[S_{n-1,k}] \\
&= \frac{n}{n-1} \times \frac{n-1}{n-2}\mathbf{E}[S_{n-2,k}] \\
&= \cdots \\
&= \frac{n}{k+1}\mathbf{E}[S_{k+1,k}].
\end{aligned}$$

除非大小为 $k+1$ 的递归树中所有大于 1 的节点都出现在特殊的子树中, 否则递归树不会有节点在大小为 k 的子树中生根. 换言之, $S_{k+1,k}$ 是一个服从 $\mathrm{Be}(1/k)$ 的随机变量 (均值为 $1/k$), 其成功率 $1/k$ 也是利用分解方法求出. $\qquad\square$

4.2.2 方差

将式 (4.1) 平方后再取均值就可以得到 2 阶矩. 利用随机变量的对称性可知

$$\begin{aligned}
\mathbf{E}[S_{n,k}^2] =\ & 2\mathbf{E}[S_{U_n,k}^2] + \mathbf{P}(U_n = n-k) + 2\mathbf{E}[S_{U_n,k}\tilde{S}_{n-U_n,k}] \\
& - 2\mathbf{E}\big[S_{U_n,k}\mathbf{1}_{\{n-U_n=k\}}\big] - 2\mathbf{E}\big[\tilde{S}_{n-U_n,k}\mathbf{1}_{\{n-U_n=k\}}\big] \\
=\ & \frac{2}{n-1}\sum_{j=1}^{n-1}\mathbf{E}[S_{j,k}^2] + \frac{1}{n-1} + \frac{2}{n-1}\sum_{j=1}^{n-1}\mathbf{E}[S_{j,k}\tilde{S}_{n-j,k}] \\
& - \frac{2}{n-1}\sum_{j=1}^{n-1}\mathbf{E}[S_{j,k}\mathbf{1}_{\{n-j=k\}}] - \frac{2}{n-1}\sum_{j=1}^{n-1}\mathbf{E}[\tilde{S}_{n-j,k}\mathbf{1}_{\{n-j=k\}}] \\
=\ & \frac{2}{n-1}\sum_{j=1}^{n-1}\mathbf{E}[S_{j,k}^2] + \frac{1}{n-1} + \frac{2}{n-1}\sum_{j=1}^{n-1}\mathbf{E}[S_{j,k}]\mathbf{E}[S_{n-j,k}] \\
& - \frac{2}{n-1}\mathbf{E}[S_{n-k,k}] - \frac{2}{n-1}\mathbf{E}[S_{k,k}],
\end{aligned}$$

最后一个求和项是根据 $S_{U_n,k}$ 和 $\tilde{S}_{n-U_n,k}$ 的条件独立性得到的. 可以使用边界条件 $S_{j,k} \equiv 0$, 其中 $j < k$, $S_{k,k} = 1$, 并利用命题 4.1 得到 $\mathbf{E}[S_{n-k,k}]$. 这里要求 $n-k > k$, 后面也需要该条件. 递归式现有如下形式:

$$\mathbf{E}[S_{n,k}^2] = \frac{2}{n-1}\sum_{j=k}^{n-1}\mathbf{E}[S_{j,k}^2] - \frac{1}{n-1} - \frac{2}{n-1}\mathbf{E}[S_{n-k,k}]$$

$$+\frac{2}{n-1}\left(2\mathbf{E}[S_{n-k,k}]+\sum_{j=k+1}^{n-k-1}\mathbf{E}[S_{j,k}]\mathbf{E}[S_{n-j,k}]\right)$$

$$=\frac{2}{n-1}\sum_{j=k}^{n-1}\mathbf{E}[S_{j,k}^2]-\frac{1}{n-1}+\frac{2(n-k)}{k(k+1)(n-1)}$$

$$+\frac{2}{n-1}\sum_{j=k+1}^{n-k-1}\frac{j}{k(k+1)}\times\frac{n-j}{k(k+1)}$$

$$=\frac{2}{n-1}\sum_{j=k}^{n-1}\mathbf{E}[S_{j,k}^2]+\frac{n^3+2k-n-3k^2-8k^3-3k^4}{3(n-1)k^2(k+1)^2}.$$

区别递归式 $n-1$ 和 n 这两个版本, 我们将递归式简化为

$$\mathbf{E}[S_{n,k}^2]=\frac{n}{n-1}\,\mathbf{E}[S_{n-1,k}^2]+\frac{n}{k^2(k+1)^2}.$$

解为

$$\mathbf{E}[S_{n,k}^2]=\frac{n^2}{k^2(k+1)^2}+\sigma_k^2 n,$$

其中

$$\sigma_k^2:=\frac{\mathbf{E}[S_{2k+1,k}^2]}{2k+1}-\frac{2k+1}{k^2(k+1)^2}.$$

引理 4.1   随机变量 $S_{2k+1,k}$ 的分布为

$$S_{2k+1,k}=\begin{cases}0, & p=\dfrac{(k-1)(2k^2-1)}{2k^2(k+1)}, \\[2mm] 1, & p=\dfrac{2k^2-1}{k^2(k+1)}, \\[2mm] 2, & p=\dfrac{1}{2k^2}.\end{cases} \tag{4.2}$$

证明   随机变量 $S_{2k+1,k}$ 的取值不会超过 2, 若超过 2 就意味着至少有 3 个大小为 k 的子树, 且它们都不是根节点 1(大小为 $2k+1$ 的子树的根), 并且递归树中节点数为 $3k+1>2k+1$, 矛盾, 所以 $S_{2k+1,k}$ 的范围为 $\{0,1,2\}$. 概率 $P(S_{2k+1,k}=2)$ 的计算较为容易, 为得到事件 $\{S_{2k+1,k}=2\}$, 我们必须进行均匀分割: 根节点 1 有两棵子树, 每棵子树的大小为 k. 特殊子树的大小将为 k, 发生的概率为 $1/(2k)$. 大小为 $k+1$ 的非特殊子树应该由根节点 1 和它的一个子树组成, 它是非特殊子树中所有子代的父树. 同样, 根据分解性质, 非特殊子树与大小为 $k+1$ 的均匀递归树同构, 且该子树成为所有子代的父树的概率为 $1/k$, 故

$$\mathbf{P}(S_{2k+1,k}=2)=\frac{1}{2k^2}.$$

根据命题 4.1, 我们有

$$\mathbf{E}[S_{2k+1,k}] = \frac{2k+1}{k(k+1)}$$

$$= \sum_{j=0}^{2} j\mathbf{P}(S_{2k+1,k} = j)$$

$$= \mathbf{P}(S_{2k+1,k} = 1) + 2 \times \frac{1}{2k^2}.$$

完整的分布即可计算出.

接下来有

$$\mathbf{E}[S_{2k+1,k}^2] = \sum_{j=0}^{2} j^2 \mathbf{P}(S_{2k+1,k} = j) = \frac{2k^2 + 2k + 1}{k^2(k+1)}.$$

以上作为计算 $\mathbf{E}[S_{n,k}^2]$ 递归式解的边界条件, 可用于证明以下结果.

命题 4.2 令 $S_{n,k}$ 是大小为 $n > 2k$ 的均匀递归树中大小为 k 的子树的数目, 所以

$$\mathbf{Var}[S_{n,k}] = \sigma_k^2 n = \frac{(2k^2 - 1)n}{k(k+1)^2(2k+1)}.$$

假设我们令 $k = k(n)$ 随着 n 的增大而增大. 那么现在就可以根据增长率的不同, 确定三种不同的情况: 当 $k(n)/\sqrt{n} \to 0$ 时, 为次临界; 当 $k(n)$ 渐近于阶 $\sqrt{n}$ 时, 为临界; 当 $k(n)/\sqrt{n} \to \infty$ 时, 为超临界.

推论 4.1 在次临界情况下, 当 $n \to \infty$ 时,

$$\frac{S_{n,k(n)}}{n/(k(n)(k(n)+1))} \xrightarrow{\mathcal{P}} 1.$$

证明 根据 Chebyshev 不等式, 对于任意固定的 $\varepsilon > 0$,

$$P\left(\left|\frac{S_{n,k(n)}}{\mathbf{E}[S_{n,k(n)}]} - 1\right| > \varepsilon\right) \leqslant \frac{\mathbf{Var}[S_{n,k(n)}]}{\varepsilon^2 \mathbf{E}^2[S_{n,k(n)}]}.$$

在次临界情况下, 由命题 4.1 和命题 4.2 知, 对于不等式的右边, 边界 $O(k^2(n)n^{-1})$ $= o(1)$. □

推论 4.2 在临界情况下, 当 $n \to \infty$ 时,

$$\mathbf{E}[S_{n,k(n)}] \sim \frac{1}{g^2(n)}$$

且

$$\mathbf{Var}[S_{n,k(n)}] \sim \frac{1}{g^2(n)},$$

这里 $g(n)$ 是一个有界变分函数.

证明　在临界情况下, 对一些有界变分函数 g_n 有 $k_n = g(n)\sqrt{n} + o(\sqrt{n})$. 因此

$$\mathbf{E}[S_{n,k(n)}] = O\Big(\frac{n}{k^2(n)}\Big) = \frac{1}{g^2(n)}.$$

方差的计算类似.　　　　　　　　　　　　　　　　　　　　　　　　　　　　□

注 4.1　对于一些常数 c, $k(n) = c\sqrt{n} + o(\sqrt{n})$, 均值与方差接近于常数 $1/c^2$.

推论 4.3　在超临界情况下, 当 $n \to \infty$ 时,

$$S_{n,k(n)} \xrightarrow{\mathcal{L}_1} 0.$$

证明　在超临界情况下, $k(n)/\sqrt{n} \to \infty$. 除了当 $k(n) = n$ 时, $S_{n,n} = 1$. 在其他情况下, 即 $n > k(n)$, 应用命题 4.1, 可知

$$\mathbf{E}[S_{n,k(n)}] = O\Big(\frac{n}{k^2(n)}\Big) \to 0.$$　　　　　　　　　　□

4.2.3　解析方法下分析子树大小多样性

考虑出现在树边缘的不同大小的子树, 对于均匀递归树, 我们分析随机变量 $S_{n,k}$, 它记录大小为 n 的随机树中大小为 k 的子树的数量, k 可以是固定的或 $k = k(n)$ 取决于 n. 对于 k 固定的情况, Feng 等 (2007) 使用收缩法对递归树进行了说明, 并且参照 Pólya 罐方法以及 Flajolet 等 (1997) 对二叉搜索树的分析技巧以及建模方法, $S_{n,k}$ 在归一化后是渐近正态分布的. 此外, Feng 等 (2007) 提出, 可以通过计算 $S_{n,k}$ 的前两个矩的显式公式为递归树确定 $S_{n,k}$ 的三个相位 (phase).

为了分析 $S_{n,k}$ 的分布特征, 由于 $k = k(n)$ 依赖于 n, 我们利用基于函数方程的解析方法来生成函数, 事实证明, 这种方法在组合分析中非常有效. 一个被学术界广为接受的认知是, 当解析方法适用时, 它们提供比纯概率方法更完整的渐近展开 (因此获得更好的近似). 例如, (Panholzer and Prodinger, 1998) 中非常详细的渐近展开与 (Lent and Mahmoud, 1996) 中的概率方法形成对比.

在论述中, 我们将使用以下符号. 符号 $[\![A]\!]$ 表示断言 A 的 Iverson 括号, 即如果 A 为真, 则 $[\![A]\!] = 1$, 否则为 0. 对任意的数 x 和非负整数 m, 符号 $x^{\underline{m}}$ 表示阶乘 $x(x-1)\cdots(x-m+1)$; 我们令 $x^{\underline{0}}$ 为 1. 符号 $\begin{Bmatrix} r \\ s \end{Bmatrix}$ 表示阶数为 s 的第 r 个 Stirling 数 (第二类 Stirling 数). 在被应用于函数时, 算子 $[z^n]$ 提取第 n 个系数, 即 $[z^n]f(z)$ 是 $f(z)$ 幂级数展开式中 z^n 的系数.

对于概率收敛, 我们使用 $\xrightarrow{\mathcal{D}}$ 表示依分布收敛. 标准随机变量 $\mathrm{Poi}(\lambda)$(参数为 λ 的泊松分布) 和 $\mathcal{N}(\mu, \sigma^2)$(均值为 μ 且方差为 σ^2 的正态分布) 作为极限随机变量出现在结果中. 本小节也使用了其他标准命名法, 我们假设读者对它很熟悉, 这里不特别提及.

下面我们将给出有关递归树的一些结果.

定理 4.1　　令 $S_{n,k}$ 为大小是 n 的均匀递归树中大小为 k 的子树的数量.
(a) 在次临界的情况下, 当 $k/\sqrt{n} \to 0$ 时,

$$\frac{S_{n,k} - \dfrac{n}{k(k+1)}}{\sqrt{\dfrac{(2k^2-1)n}{k(k+1)^2(2k+1)}}} \xrightarrow{\mathcal{D}} \mathcal{N}(0,1).$$

(b) 在满足 $k = O(\sqrt{n})$ 时处于临界情况, 在临界情况下, 当 $k/\sqrt{n} \to c > 0$ 时,

$$S_{n,k} \xrightarrow{\mathcal{D}} \mathrm{Poi}\Big(\frac{1}{c^2}\Big),$$

并且如果 $k/\sqrt{n}$ 不能收敛到某个极限, $S_{n,k}$ 不存在极限分布.
(c) 在超临界的情况下, 当 $k/\sqrt{n} \to \infty$ 时,

$$S_{n,k} \xrightarrow{\mathcal{D}} 0.$$

均匀递归树是标记为 1 的单个节点的产物, 节点分阶段逐渐增加: 在第 n 个阶段, 现有树中的一个节点被随机选择为第 n 个新插入者 (标记为 n) 的父节点. 在这种情况下, 均匀意味着大小为 $(n-1)$ 的树中的所有节点都是等可能的父节点. 根据这种构造算法, 沿任何根到叶路径的节点都带有递增标签, 因此这些树也是递增树类的成员.

均匀递归树生长中对随机性的建模体现为生成树的均匀分布: 所有 $(n-1)!$ 递归树以相等的概率生成大小为 n 的递归树. 从随机增长中自然发生的递归的角度分析递归树的许多重要性质是较为简便的, 不过, 树的均匀分布也使得基于生成函数和解析方法 (如积分变换) 的研究得以发展 (Bergeron et al., 1992).

设 $S_{n,k}$ 是大小为 n 的均匀递归树中的节点数, 这些节点是大小为 k 的子树的根 (以一个节点为根的子树是给定节点的后代节点的整个结构). 等价地, $S_{n,k}$ 为大小是 n 的递归树中大小为 k 的子树的数量, 我们对子树大小的计数包括它的根. 因此, 举一个简单的例子, 一个叶结构是大小为 1 的子树的根. $S_{n,k}$ 的应用非常广泛, 包括确定将获得一定利润的连锁信计划的参与者数量 (Gastwirth and Bhattacharya, 1984), 或文献学研究中特定古代文本的副本的数量的研究 (Najock and Heyde, 1982).

我们用 $T_n = (n-1)!$ 表示大小为 n 的不同递归树的数量. 令 $M_k(z,v)$ 为矩生成函数

$$M_k(z,v) = \sum_{n \geqslant 1} \sum_{m \geqslant 0} \mathbf{P}(S_{n,k} = m) T_n \frac{z^n}{n!} v^m = \sum_{n \geqslant 1} \sum_{m \geqslant 0} \mathbf{P}(S_{n,k} = m) \frac{z^n}{n} v^m.$$

根据这些树的递归性质, 我们可以从定义中得到子树具有特定大小的概率. 对于所有 $k \geqslant 1$, 概率 $\mathbf{P}(S_{n,k} = m)$(对于 $n > k$) 满足

$$\mathbf{P}(S_{n,k} = m) = \sum_{r \geqslant 1} \frac{1}{r!} \sum_{\substack{n_1 + \cdots + n_r = n-1 \\ n_i \geqslant 1,\, 1 \leqslant i \leqslant r}} \binom{n-1}{n_1, \cdots, n_r} \frac{T_{n_1} \cdots T_{n_r}}{T_n}$$

$$\times \sum_{\substack{m_1 + \cdots + m_r = m \\ m_i \geqslant 0,\, 1 \leqslant i \leqslant r}} \mathbf{P}(S_{n_1,k} = m_1) \cdots \mathbf{P}(S_{n_r,k} = m_r),$$

其中初始值为 $\mathbf{P}(S_{k,k} = 1) = 1$, $\mathbf{P}(S_{n,k} = 0) = 1$, 对 $1 \leqslant n < k$.

将上式循环乘以 $T_n \dfrac{z^{n-1}}{(n-1)!} v^m$, 并在 $n > k$ 和 $m \geqslant 0$ 上求和, 对 $k \geqslant 1$, 得到以下的函数方程:

$$\frac{\partial}{\partial z} M_k(z,v) = e^{M_k(z,v)} + (v-1)z^{k-1}, \tag{4.3}$$

其中, 初始条件为 $M_k(0,v) = 0$.

可以很容易地看出, 函数

$$M_k(z,v) = \frac{(v-1)z^k}{k} + \ln\left(\frac{1}{1 - \displaystyle\int_0^z e^{\frac{(v-1)t^k}{k}} \, dt} \right) \tag{4.4}$$

是偏微分方程 (4.3) 的解, 同时它也满足初始条件. 解 (4.4) 可以通过使用 (4.3) 中的代换 $Q(z,v) := \exp(M_k(z,v))$ 得到, 导出可解的 Riccati 微分方程.

从解 (4.4) 我们可以得到第 r 个阶乘矩, 它直接提供临界和超临界情况的极限分布.

1. 精确矩的计算

为了获得第 r 个阶乘矩, 我们在 $M_k(z,v)$ 中使用 $w := v - 1$ 替换, 并提取系数:

$$\mathbf{E}(S_{n,k}^{\underline{r}}) = \mathbf{E}(S_{n,k}(S_{n,k} - 1) \cdots (S_{n,k} - r + 1)) = n r! \, [z^n w^r] M_k(z, 1 + w).$$

为了在 $w = 0$ 周围展开 $M_k(z, 1 + w)$, 我们考虑

$$\ln\left(\frac{1}{1 - \displaystyle\int_0^z e^{\frac{w t^k}{k}} \, dt} \right) = \ln\left(\frac{1}{1 - \displaystyle\int_0^z \sum_{j \geqslant 0} \frac{w^j t^{kj}}{j! \, k^j} \, dt} \right)$$

$$= \ln \frac{1}{1-z} + \ln \left(\frac{1}{1 - \dfrac{z}{1-z} \displaystyle\sum_{j \geqslant 1} \dfrac{w^j z^{kj}}{j!\, k^j (kj+1)}} \right),$$

从 (4.4) 中可以得到

$$M_k(z, 1+w) = \ln \frac{1}{1-z} + \frac{wz^k}{k} + \ln \left(\frac{1}{1 - \dfrac{z}{1-z} \displaystyle\sum_{j \geqslant 1} \dfrac{w^j z^{kj}}{j!\, k^j (kj+1)}} \right). \qquad (4.5)$$

接下来, 我们提取系数可以得到, 对于 $r \geqslant 1$:

$$[w^r] \ln \left(\frac{1}{1 - \dfrac{z}{1-z} \displaystyle\sum_{j \geqslant 1} \dfrac{w^j z^{kj}}{j!\, k^j (kj+1)}} \right)$$

$$= [w^r] \sum_{\ell \geqslant 1} \frac{\left(\dfrac{z}{1-z} \right)^\ell}{\ell} \left(\sum_{j \geqslant 1} \frac{w^j z^{kj}}{j!\, k^j (kj+1)} \right)^\ell$$

$$= \sum_{\ell \geqslant 1} \frac{\left(\dfrac{z}{1-z} \right)^\ell}{\ell} \sum_{\substack{j_1 + \cdots + j_\ell = r \\ j_q \geqslant 1,\, 1 \leqslant q \leqslant \ell}} \frac{z^{kr}}{k^r \displaystyle\prod_{i=1}^\ell j_i! \prod_{i=1}^\ell (j_i k + 1)}$$

$$= \sum_{\ell = 1}^r \frac{\left(\dfrac{z}{1-z} \right)^\ell}{\ell} \times \frac{z^{kr}}{k^r} \sum_{\substack{j_1 + \cdots + j_\ell = r \\ j_q \geqslant 1,\, 1 \leqslant q \leqslant \ell}} \frac{1}{\displaystyle\prod_{i=1}^\ell j_i! \prod_{i=1}^\ell (j_i k + 1)}$$

$$= \frac{1}{r!} \sum_{\ell = 1}^r \frac{\left(\dfrac{z}{1-z} \right)^\ell}{\ell} \times \frac{z^{kr}}{k^r} \sum_{\substack{j_1 + \cdots + j_\ell = r \\ j_q \geqslant 1,\, 1 \leqslant q \leqslant \ell}} \binom{r}{j_1, \cdots, j_\ell} \frac{1}{\displaystyle\prod_{i=1}^\ell (j_i k + 1)}.$$

这样就可以立即从 (4.5) 中导出第 r 个系数的以下公式:

$$[w^r] M_k(z, v)$$

$$
= \frac{z^k}{k}[\![r=1]\!] + \frac{1}{r!}\sum_{\ell=1}^{r}\frac{\left(\dfrac{z}{1-z}\right)^{\ell}}{\ell} \times \frac{z^{kr}}{k^r}\sum_{\substack{j_1+\cdots+j_\ell=r\\ j_q\geqslant 1,\, 1\leqslant q\leqslant \ell}}\binom{r}{j_1,\cdots,j_\ell}\frac{1}{\displaystyle\prod_{i=1}^{\ell}(j_i k+1)}.
$$

$$\tag{4.6}$$

由 (4.6) 可以导出

$$
\begin{aligned}
\mathbf{E}(S_{n,k}) &= n[z^n w]M_k(z, 1+w)\\
&= n[z^n]\left(\frac{z^k}{k} + \frac{z^{k+1}}{k(k+1)(1-z)}\right)\\
&= n\left(\frac{1}{k}[\![n=k]\!] + \frac{1}{k(k+1)}[\![n\geqslant k+1]\!]\right),
\end{aligned}
$$

从而对于 $S_{n,k}$, 参考 Feng 等 (2007) 的讨论, 有以下结果:

$$
\mathbf{E}(S_{n,k}) = \begin{cases}
\dfrac{n}{k(k+1)}, & n\geqslant k+1,\\[2mm]
1, & n=k,\\[2mm]
0, & 1\leqslant n< k.
\end{cases}
\tag{4.7}
$$

(4.6) 具有显式形式, 对于 $r\geqslant 2$ 的第 r 个阶乘矩, 我们还得到以下闭式解:

$$
\begin{aligned}
\mathbf{E}\big(S_{n,k}^r\big) &= nr![z^n w^r]M_k(z, v)\\
&= \frac{[\![n\geqslant kr+1]\!]n}{k^r}\sum_{\ell=1}^{r}\frac{\dbinom{n-kr-1}{\ell-1}}{\ell}\\
&\quad \times \sum_{\substack{j_1+\cdots+j_\ell=r\\ j_q\geqslant 1,\, 1\leqslant q\leqslant \ell}}\binom{r}{j_1,\cdots,j_\ell}\frac{1}{\displaystyle\prod_{i=1}^{\ell}(j_i k+1)}.
\end{aligned}
\tag{4.8}
$$

我们以第二个阶乘矩为例进行计算:

$$
\mathbf{E}\big(S_{n,k}(S_{n,k}-1)\big) = \frac{n(n-2k-1)}{k^2(k+1)^2} - \frac{n}{k^2(2k+1)}, \quad n\geqslant 2k+1,
$$

在其他情况下值为 0.

鉴于矩的计算公式

$$
\mathbf{E}\big(S_{n,k}^r\big) = \sum_{\ell=1}^{r}\begin{Bmatrix}r\\\ell\end{Bmatrix}\mathbf{E}\big(S_{n,k}^\ell\big),
$$

(至少是原则上) 可以得到每个阶乘矩的表达式.

2. 临界情形

当 $k = O(\sqrt{n}\,)$ 时, 处于临界情形. 首先, 我们考虑 $\dfrac{n}{k^2} \to \lambda$ 的临界情况, 对于某些 $\lambda > 0$. 从 (4.7) 可以明显看出有 $\mathbf{E}(S_{n,k}) \to \lambda$. 接下来我们考虑一个固定的 $\mathbf{E}(S_{n,k}) \to \lambda$, 将出现在 (4.8) 中的求和分割如下:

$$\mathbf{E}\big(S_{n,k}^r\big) = \underbrace{\frac{[\![n \geqslant kr+1]\!]n}{k^r} \times \frac{\binom{n-kr-1}{r-1}}{r} \sum_{\substack{j_1+\cdots+j_r=r \\ j_q \geqslant 1,\, 1 \leqslant q \leqslant r}} \frac{\binom{r}{j_1,\cdots,j_r}}{\prod_{i=1}^{r}(j_i k+1)}}_{=:A}$$

$$+ \underbrace{\frac{[\![n \geqslant kr+1]\!]n}{k^r} \sum_{\ell=1}^{r-1} \frac{\binom{n-kr-1}{\ell-1}}{\ell} \sum_{\substack{j_1+\cdots+j_\ell=r \\ j_q \geqslant 1,\, 1 \leqslant q \leqslant \ell}} \frac{\binom{r}{j_1,\cdots,j_\ell}}{\prod_{i=1}^{\ell}(j_i k+1)}}_{=:B}.$$

对于较大的 n, 我们可以去掉 A 和 B 中的 Iverson 括号. 利用

$$\sum_{r \geqslant 0} \sum_{\substack{j_1+\cdots+j_\ell=r \\ j_q \geqslant 1,\, 1 \leqslant q \leqslant \ell}} \binom{r}{j_1,\cdots,j_\ell} \frac{z^r}{r!} = (e^z-1)^\ell,$$

我们可以得到不等式

$$\sum_{\substack{j_1+\cdots+j_\ell=r \\ j_q \geqslant 1,\, 1 \leqslant q \leqslant \ell}} \binom{r}{j_1,\cdots,j_\ell} = r![z^r](e^z-1)^\ell \leqslant r![z^r]e^{\ell z} = \ell^r,$$

从而可以进一步估计:

$$\begin{aligned}
B &\leqslant \sum_{\ell=1}^{r-1} \frac{n^\ell}{\ell!\, k^r k^\ell} \ell^r \\
&\leqslant \frac{r^{r-1}}{k} \sum_{\ell=1}^{r-1} \frac{1}{k^{r-1-\ell}} \left(\frac{n}{k^2}\right)^\ell \frac{1}{(\ell-1)!} \\
&\leqslant \frac{r^{r-1}}{k} \times \frac{n}{k^2} \sum_{\ell \geqslant 0} \frac{\left(\frac{n}{k^2}\right)^\ell}{\ell!} \\
&= \frac{r^{r-1}\, n}{k^3} e^{\frac{n}{k^2}}.
\end{aligned}$$

由于 $\dfrac{n}{k^2} \to \lambda$, 可以进一步得到

$$B = O\Big(\dfrac{1}{k}\Big) = O\Big(\dfrac{1}{\sqrt{n}}\Big).$$

表达式 A 被大大简化了, 这是因为 r 个整数 $j_q \geqslant 1$ 中的唯一可能组合是在 $j_1 = \cdots = j_r = 1$ 时获得的. 因此对于较大的 n, 我们有

$$
\begin{aligned}
A &= \dfrac{n}{k^r} \times \dfrac{\binom{n-kr-1}{r-1}}{r} \times \dfrac{r!}{(k+1)^r} \\
&= \dfrac{n^r}{k^{2r}}\Big(1 + O\Big(\dfrac{k}{n}\Big) + O\Big(\dfrac{1}{k}\Big)\Big) \\
&= \Big(\dfrac{n}{k^2}\Big)^r \Big(1 + O\Big(\dfrac{1}{\sqrt{n}}\Big)\Big).
\end{aligned}
$$

因此, 如果 $\dfrac{n}{k^2} \to \lambda$, 我们还可以得到, 对于每个 $r \geqslant 1$:

$$\mathbf{E}\big(S_{n,k}^r\big) = \Big(\dfrac{n}{k^2}\Big)^r + O\Big(\dfrac{1}{\sqrt{n}}\Big) \to \lambda^r.$$

由于 λ^r 是 $\mathrm{Poi}(\lambda)$ 的矩, 并且所有矩收敛到以其矩唯一表示的随机变量意味着弱收敛, 我们得到

$$S_{n,k} \xrightarrow{\;\mathcal{D}\;} \mathrm{Poi}(\lambda).$$

这证明了定理 4.1(b) 的收敛部分, 其中我们使用了代换 $c := \dfrac{1}{\sqrt{\lambda}}$. 临界情形有两种情况: 一种情况是当 $k/\sqrt{n}$ 收敛到一个极限, 例如 $k = 3\lfloor\sqrt{n} + \ln n\rfloor$; 另一种情况是当 k 渐近于 $g(n)\sqrt{n}$, 其中 $g(n)$ 是有界变化的函数, 但振荡且不收敛到任何极限, 例如 $k = \lfloor(2 + \sin n)\sqrt{n} + 6\rfloor$. 因此 $\dfrac{k}{\sqrt{n}} \to c$. 当 k 为 $\sqrt{n}$ 阶, 但波动持续存在时, 所有矩都振荡, 并且不可能存在极限分布.

3. 超临界情形

我们顺便考虑超临界情况, 因为它不需要额外的精力详细讨论. 假设 $k := k_n$ 随着 n 增加, 使得 $\dfrac{n}{k^2} = o(1)$.

(4.8) 中的粗略估计足以达到我们的目的, 我们得到对于 $r \geqslant 2$:

$$\mathbf{E}\big(S_{n,k}^r\big) \leqslant \dfrac{n}{k^r} \sum_{\ell=1}^{r} \dfrac{n^{\ell-1}}{\ell!} \sum_{\substack{j_1+\cdots+j_\ell=r \\ j_q\geqslant 1,\,1\leqslant q\leqslant\ell}} \binom{r}{j_1,\cdots,j_\ell} \dfrac{1}{k^\ell} = \dfrac{1}{k^r} \sum_{\ell=1}^{r} \dfrac{n^\ell}{\ell!\,k^\ell} \ell^r$$

$$\leqslant r^{r-1} \sum_{\ell=1}^{r} \frac{1}{k^{r-\ell}} \left(\frac{n}{k^2}\right)^{\ell} \frac{1}{(\ell-1)!} \leqslant r^{r-1} \frac{n}{k^2} \sum_{\ell \geqslant 0} \frac{\left(\frac{n}{k^2}\right)^{\ell}}{\ell!}$$

$$= r^{r-1} \frac{n}{k^2} e^{\frac{n}{k^2}}.$$

由于 $\frac{n}{k^2} \to 0$, 对于所有的 $r \geqslant 1$, 都有 $\mathbf{E}(S_{n,k}^r) \to 0$, 所有矩收敛, 并且 $S_{n,k}$ 收敛到退化为 0 的分布, 这样就证明了定理 4.1的 (c) 部分. 由于极限为常数, 因此收敛也是依概率收敛的.

4. 次临界情形

对于次临界情况, 我们需要中心化和标准化处理. 我们借助于递归矩的方法 (Chern et al., 2002), 虽然在这里没有采用以归纳方式 "抽出" 矩的做法, 但我们能够通过提取中心化随机变量的矩生成函数的系数直接获得精确的矩的表达式. 考虑中心化的随机变量 $\tilde{S}_{n,k} := S_{n,k} - \mathbf{E}(S_{n,k})$, 并引入生成函数

$$\tilde{M}_k(z,s) := \sum_{n \geqslant 1} \mathbf{E}\big(e^{\tilde{S}_{n,k}s}\big) \frac{z^n}{n} = \sum_{n \geqslant 1} e^{-\mathbf{E}(S_{n,k})s} \mathbf{E}\big(e^{S_{n,k}s}\big) \frac{z^n}{n}.$$

由 (4.7) 给出的 $\mathbf{E}(S_{n,k})$ 的表达式, 我们通过常规操作可以得到

$$\tilde{M}_k(z,s) = M_k\big(e^{-\frac{s}{k(k+1)}}z, e^s\big) + \big(1 - e^{\frac{ks}{k+1}}\big)\frac{z^k}{k} + \sum_{1 \leqslant n < k} \frac{z^n}{n} - \sum_{1 \leqslant n < k} \frac{\big(e^{-\frac{s}{k(k+1)}}z\big)^n}{n}.$$

代入 (4.4) 给出的 $M_k(z,v)$ 公式, 我们得到进一步简化后的结果:

$$\tilde{M}_k(z,s) = \ln\left(1 \Big/ \left(1 - \int_0^{e^{-\frac{s}{k(k+1)}}z} e^{\frac{(e^s-1)t^k}{k}} dt\right)\right)$$

$$+ \sum_{1 \leqslant n \leqslant k} \frac{z^n}{n} - \sum_{1 \leqslant n \leqslant k} \frac{\big(e^{-\frac{s}{k(k+1)}}z\big)^n}{n}.$$

在下面的技巧性讨论的章节中, 我们分析了中心矩, 确定了有主要贡献的项并为可忽略项设置了上限.

(1) 在 $s=0$ 周围展开.

我们首先在 $s=0$ 和 $z=1$ 周围展开 $\displaystyle\int_0^{e^{-\frac{s}{k(k+1)}}z} e^{\frac{(e^s-1)t^k}{k}} dt$:

$$\int_0^{e^{-\frac{s}{k(k+1)}}z} e^{\frac{(e^s-1)t^k}{k}} dt$$

$$= \int_0^{e^{-\frac{s}{k(k+1)}}z} \sum_{j\geqslant 0} \frac{(e^s-1)^j t^{kj}}{j!\,k^j}\,dt = \sum_{j\geqslant 0} \frac{(e^s-1)^j e^{-\frac{s(kj+1)}{k(k+1)}} z^{kj+1}}{j!\,(kj+1)k^j}$$

$$= e^{-\frac{s}{k(k+1)}}z + \sum_{j\geqslant 1} \frac{(e^s-1)^j e^{-\frac{s(kj+1)}{k(k+1)}} z^{kj+1}}{j!\,(kj+1)k^j}$$

$$= z + \sum_{j\geqslant 1} \left[\frac{(e^s-1)^j e^{-\frac{s(kj+1)}{k(k+1)}} z^{kj+1}}{j!\,(kj+1)k^j} + \frac{(-1)^j s^j z}{j!\,k^j (k+1)^j} \right]$$

$$= z + \sum_{j\geqslant 1} \left[\frac{\sum_{m\geqslant j} \left\{{m\atop j}\right\}\frac{j!\,s^m}{m!}}{j!\,(kj+1)k^j} \sum_{m\geqslant 0} \frac{(-1)^m (kj+1)^m s^m}{k^m (k+1)^m m!} z^{kj+1} + \frac{(-1)^j s^j z}{j!\,k^j (k+1)^j} \right]$$

$$= z + \sum_{\ell\geqslant 1} s^\ell \left(\sum_{j=1}^{\ell} \sum_{m=0}^{\ell-j} \frac{\left\{{\ell-m\atop j}\right\}(-1)^m (kj+1)^m z^{kj+1}}{m!\,(\ell-m)!\,(kj+1)k^{j+m}(k+1)^m} + \frac{(-1)^\ell z}{\ell!\,k^\ell (k+1)^\ell} \right)$$

$$= z + \sum_{\ell\geqslant 1} s^\ell \left(\sum_{j=1}^{\ell} \sum_{m=0}^{\ell-j} \frac{\left\{{\ell-m\atop j}\right\}(-1)^m (kj+1)^m}{m!\,(\ell-m)!\,(kj+1)k^{j+m}(k+1)^m} \right.$$

$$\left. \times \sum_{i=0}^{kj+1} (-1)^i \binom{kj+1}{i}(1-z)^i + \frac{(-1)^\ell}{\ell!\,k^\ell (k+1)^\ell} + \frac{(-1)^{\ell-1}}{\ell!\,k^\ell (k+1)^\ell}(1-z) \right)$$

$$= z + \sum_{\ell\geqslant 1} s^\ell \left(\sum_{i=0}^{\ell k+1} (-1)^i (1-z)^i \sum_{j=1}^{\ell} \sum_{m=0}^{\ell-j} \frac{\left\{{\ell-m\atop j}\right\}(-1)^m (kj+1)^m \binom{kj+1}{i}}{m!\,(\ell-m)!\,(kj+1)k^{j+m}(k+1)^m} \right.$$

$$\left. + \frac{(-1)^\ell}{\ell!\,k^\ell (k+1)^\ell} + \frac{(-1)^{\ell-1}}{\ell!\,k^\ell (k+1)^\ell}(1-z) \right).$$

因此, 对于所考虑的积分, 我们得到以下简单的结构:

$$\int_0^{e^{-\frac{s}{k(k+1)}}z} e^{\frac{(e^s-1)t^k}{k}}\,dt = z + \sum_{\ell\geqslant 1} s^\ell \sum_{i=0}^{\ell k+1} c_{\ell,i}(k)\,(1-z)^i,$$

其中, 函数 $c_{\ell,i}(k)$ 由下式给定:

$$c_{\ell,i}(k) = (-1)^i \sum_{j=1}^{\ell} \sum_{m=0}^{\ell-j} \frac{\left\{{\ell-m\atop j}\right\}(-1)^m (kj+1)^m \binom{kj+1}{i}}{m!\,(\ell-m)!\,(kj+1)k^{j+m}(k+1)^m}$$

$$+ \frac{(-1)^\ell [\![i=0]\!]}{\ell!\,k^\ell (k+1)^\ell} + \frac{(-1)^{\ell-1}[\![i=1]\!]}{\ell!\,k^\ell (k+1)^\ell}. \tag{4.9}$$

接下来, 我们考虑

$$\ln\left(\frac{1}{1-\int_0^{e^{-\frac{s}{k(k+1)}}z} e^{\frac{(e^s-1)t^k}{k}} dt}\right)$$

$$=\ln\frac{1}{1-z} + \ln\left(\frac{1}{1-\frac{1}{1-z}\sum_{\ell\geqslant 1} s^\ell \sum_{i=0}^{\ell k+1} c_{\ell,i}(k)(1-z)^i}\right),$$

提取系数, 对于 $r \geqslant 1$:

$$[s^r]\ln\left(\frac{1}{1-\int_0^{e^{-\frac{s}{k(k+1)}}z} e^{\frac{(e^s-1)t^k}{k}} dt}\right)$$

$$=[s^r]\ln\left(\frac{1}{1-\frac{1}{1-z}\sum_{\ell\geqslant 1} s^\ell \sum_{i=0}^{\ell k+1} c_{\ell,i}(k)(1-z)^i}\right)$$

$$=\sum_{m=1}^r \frac{1}{m}[s^r]\left(\frac{1}{1-z}\sum_{\ell\geqslant 1} s^\ell \sum_{i=0}^{\ell k+1}(1-z)^i c_{\ell,i}(k)\right)^m$$

$$=\sum_{m=1}^r \frac{1}{m(1-z)^m}\sum_{\substack{r_1+\cdots+r_m=r\\ r_q\geqslant 1,\, 1\leqslant q\leqslant m}}\prod_{j=1}^m\sum_{i=0}^{r_jk+1}(1-z)^i c_{r_j,i}(k)$$

$$=\sum_{m=1}^r \frac{1}{m(1-z)^m}\sum_{t=0}^{rk+m}(1-z)^t \times \sum_{\substack{r_1+\cdots+r_m=r\\ r_q\geqslant 1,\, 1\leqslant q\leqslant m}}\sum_{\substack{t_1+\cdots+t_m=t\\ 0\leqslant t_q\leqslant r_qk+1\\ 1\leqslant q\leqslant m}}\prod_{j=1}^m c_{r_j,t_j}(k),$$

从而有

$$[s^r]\ln\left(\frac{1}{1-\int_0^{e^{-\frac{s}{k(k+1)}}z} e^{\frac{(e^s-1)t^k}{k}} dt}\right)=\sum_{p=-r}^{rk} f_{r,p}(k)(1-z)^p,$$

$$f_{r,p}(k) := \sum_{\substack{m=\max\{1,-p\}}}^{r} \frac{1}{m} \sum_{\substack{r_1+\cdots+r_m=r \\ r_q \geqslant 1,\, 1 \leqslant q \leqslant m}} \sum_{\substack{t_1+\cdots+t_m=p+m \\ 0 \leqslant t_q \leqslant r_q k+1,\, 1 \leqslant q \leqslant m}} \prod_{j=1}^{m} c_{r_j,t_j}(k),$$

其中, 函数 $c_{r_j,t_j}(k)$ 由 (4.9) 定义.

由于

$$[s^r] \sum_{1 \leqslant n \leqslant k} \frac{\left(e^{-\frac{s}{k(k+1)}} z\right)^n}{n} = \sum_{1 \leqslant n \leqslant k} \frac{z^n}{n}[s^r]e^{-\frac{sn}{k(k+1)}} = \sum_{1 \leqslant n \leqslant k} z^n \frac{(-1)^r n^{r-1}}{r!\,k^r(k+1)^r},$$

通过 (4.9), 我们得到 $\tilde{M}_k(z,s)$ 中 s^r 的系数, 对于 $r \geqslant 1$:

$$[s^r]\tilde{M}_k(z,s) = \sum_{p=-r}^{rk} f_{r,p}(k)(1-z)^p + \sum_{1 \leqslant n \leqslant k} z^n \frac{(-1)^{r-1} n^{r-1}}{r!\,k^r(k+1)^r},$$

这个式子可以写成

$$[s^r]\tilde{M}_k(z,s) = \sum_{p=1}^{r} \frac{1}{(1-z)^p} \tilde{f}_{r,p}(k) + \sum_{n=0}^{rk} g_{r,n}(k)z^n,$$

其中

$$\tilde{f}_{r,p}(k) := f_{r,-p}(k) = \sum_{m=p}^{r} \frac{1}{m} \sum_{\substack{r_1+\cdots+r_m=r \\ r_q \geqslant 1,\, 1 \leqslant q \leqslant m}} \sum_{\substack{t_1+\cdots+t_m=m-p \\ 0 \leqslant t_q \leqslant r_q k+1,\, 1 \leqslant q \leqslant m}} \prod_{j=1}^{m} c_{r_j,t_j}(k), \qquad (4.10)$$

并且, 对于 $1 \leqslant p \leqslant r$, 有

$$g_{r,n}(k) := (-1)^n \sum_{p=n}^{rk} \binom{p}{n} f_{r,p}(k) + \frac{(-1)^{r-1} n^{r-1}}{r!\,k^r(k+1)^r}[\![1 \leqslant n \leqslant k]\!].$$

由 $[s^r]\tilde{M}_k(z,s)$ 的表达式可以立即导出 $\tilde{X}_{n,k}$ 的 r 阶矩, 对于 $n \geqslant rk+1$ 是有效的:

$$\mathbf{E}(\tilde{S}_{n,k}^r) = r!\,n[z^n s^r]\tilde{M}_k(z,s) = r!\,n \sum_{p=1}^{r} \tilde{f}_{r,p}(k)\binom{n+p-1}{p-1}, \qquad (4.11)$$

其中, 函数 $\tilde{f}_{r,p}(k)$ 由 (4.10) 给出.

对于 (4.9) 给出的函数 $c_{\ell,i}(k)$, 利用性质

$$\sum_{m=j}^{\ell} \binom{\ell}{m} \left\{{m \atop j}\right\} = \left\{{\ell+1 \atop j+1}\right\},$$

我们可以得到非常粗略的估计:

$$\left| (-1)^i \sum_{j=1}^{\ell} \sum_{m=0}^{\ell-j} \frac{\left\{ {\ell-m \atop j} \right\} (-1)^m (kj+1)^m \binom{kj+1}{i}}{m!\,(\ell-m)!\,(kj+1)k^{j+m}(k+1)^m} \right|$$

$$\leqslant \sum_{j=1}^{\ell} \frac{\binom{kj+1}{i}}{(kj+1)k^j} \sum_{m=0}^{\ell-j} \frac{\left\{ {\ell-m \atop j} \right\} (kj+1)^m}{m!\,(\ell-m)!\,k^m(k+1)^m}$$

$$\leqslant \sum_{j=1}^{\ell} \frac{k^i(j+1)^i}{\ell!\,i!\,k^{j+1}} \sum_{m=0}^{\ell-j} \frac{\left\{ {\ell-m \atop j} \right\} (j+1)^m \binom{\ell}{m}}{(k+1)^m}$$

$$\leqslant \sum_{j=1}^{\ell} \frac{k^i(j+1)^i(j+1)^{\ell-j}}{\ell!\,i!\,k^{j+1}} \sum_{m=0}^{\ell-j} \binom{\ell}{m} \left\{ {\ell-m \atop j} \right\}$$

$$= \sum_{j=1}^{\ell} \frac{k^i(j+1)^i(j+1)^{\ell-j}}{\ell!\,i!\,k^{j+1}} \left\{ {\ell+1 \atop j+1} \right\}$$

$$\leqslant \frac{k^i(\ell+1)^i(\ell+1)^{\ell-1}}{\ell!\,i!\,k^2} \sum_{j=2}^{\ell+1} \left\{ {\ell+1 \atop j} \right\}$$

$$\leqslant \frac{(\ell+1)^\ell B_{\ell+1}}{(\ell+1)!} \times \frac{(\ell+1)^i}{i!} k^{i-2}, \tag{4.12}$$

其中, B_ℓ 代表 Bell 数 (具有 l 个元素的集合的不同划分数). 由于

$$\left| \frac{(-1)^\ell}{k^\ell (k+1)^\ell \ell!} \right| \leqslant \frac{1}{k^2} = \frac{1}{k^2} \left\{ {\ell+1 \atop 1} \right\},$$

我们可以在前面的 (4.12) 计算中添加这个部分, 从而得到相同的界. 因此可以得出以下的界, 它对所有的 l, i 和 k 都一致成立.

$$|c_{\ell,i}(k)| \leqslant q_{\ell,i} k^{i-2}, \quad 其中 \ q_{\ell,i} := \frac{(\ell+1)^\ell B_{\ell+1}}{(\ell+1)!} \times \frac{(\ell+1)^i}{i!}.$$

对渐近分布 $c_{\ell,i}(k)$ 影响最大的两个函数可以很容易地通过 (4.9) 计算得出, 它们是

$$c_{1,0}(k) = \frac{1}{k(k+1)} - \frac{1}{k(k+1)} = 0,$$

$$c_{2,0}(k) = \frac{\nu(k)}{2}, \quad 其中 \ \nu(k) := \frac{2k^2-1}{k(k+1)^2(2k+1)}.$$

(2) $\tilde{f}_{r,p}(k)$ 的估计.

接下来, 我们将函数 $\tilde{f}_{r,p}(k)$ 视为由 (4.10) 得出. 由于在 (4.11) 中, 有 $1 \leqslant p \leqslant r$, 这说明在 $\tilde{f}_{r,p}(k)$ 的定义中, 对所有的 $1 \leqslant q \leqslant m$, 总有 $r_q, t_q \leqslant r$. 因此, 对于所有的 $r_q, t_q, 1 \leqslant p \leqslant r$, 我们得到如下估计:

$$|c_{r_j,t_j}(k)| \leqslant q_{r_j,t_j} k^{t_j-2} \leqslant c_r k^{t_j-2},$$

其中

$$c_r := \frac{(r+1)^{2r} B_{r+1}}{(r+1)!}. \tag{4.13}$$

这给出了 $1 \leqslant p \leqslant r$ 下的估计

$$\left| \sum_{\substack{r_1+\cdots+r_m=r \\ r_q \geqslant 1,\ 1 \leqslant q \leqslant m}} \sum_{\substack{t_1+\cdots+t_m=m-p \\ 0 \leqslant t_q \leqslant r_q k+1,\ 1 \leqslant q \leqslant m}} \prod_{j=1}^{m} c_{r_j,t_j}(k) \right|$$

$$\leqslant \sum_{\substack{r_1+\cdots+r_m=r \\ r_q \geqslant 1,\ 1 \leqslant q \leqslant m}} \sum_{\substack{t_1+\cdots+t_m=m-p \\ 0 \leqslant t_q \leqslant r_q k+1,\ 1 \leqslant q \leqslant m}} \prod_{j=1}^{m} c_r k^{t_j-2}$$

$$= c_r^m k^{-p-m} \sum_{\substack{r_1+\cdots+r_m=r \\ r_q \geqslant 1,\ 1 \leqslant q \leqslant m}} \sum_{\substack{t_1+\cdots+t_m=m-p \\ 0 \leqslant t_q \leqslant r_q k+1,\ 1 \leqslant q \leqslant m}} 1$$

$$\leqslant c_r^m k^{-p-m} \sum_{\substack{r_1+\cdots+r_m=r \\ r_q \geqslant 1,\ 1 \leqslant q \leqslant m}} \sum_{\substack{t_1+\cdots+t_m=m-p \\ t_q \geqslant 0,\ 1 \leqslant q \leqslant m}} 1$$

$$= c_r^m k^{-p-m} [z^r] \left(\frac{z}{1-z} \right)^m [z^{m-p}] \left(\frac{1}{1-z} \right)^m$$

$$= c_r^m k^{-p-m} \binom{r-1}{p-1} \binom{2m-p-1}{m-1}$$

$$\leqslant c_r^m \binom{2m-2}{m-1} \binom{r-1}{m-1} k^{-p-m},$$

进一步有

$$\left| \tilde{f}_{r,p}(k) \right| = \left| \sum_{m=p}^{r} \frac{1}{m} \sum_{\substack{r_1+\cdots+r_m=r \\ r_q \geqslant 1,\ 1 \leqslant q \leqslant m}} \sum_{\substack{t_1+\cdots+t_m=m-p \\ 0 \leqslant t_q \leqslant r_q k+1,\ 1 \leqslant q \leqslant m}} \prod_{j=1}^{m} c_{r_j,t_j}(k) \right|$$

$$\leqslant \sum_{m=p}^{r} \frac{1}{m} c_r^m \binom{2m-2}{m-1} \binom{r-1}{m-1} k^{-p-m}$$

$$\leqslant \binom{2r-2}{r-1} (r-1)!\, c_r^r \sum_{m=p}^{r} \frac{1}{k^{p+m}}$$

$$= \binom{2r-2}{r-1}(r-1)! \, c_r^r \frac{1}{k^{2p}} \sum_{q=0}^{r-p} \frac{1}{k^q}$$

$$\leqslant \binom{2r-2}{r-1}(r-1)! \, c_r^r \frac{1}{k^{2p}} r.$$

这样, 对于所有的 $1 \leqslant p \leqslant r$ 以及 $r, k \geqslant 1$, 我们就得到了下面的估计:

$$\left| \tilde{f}_{r,p}(k) \right| \leqslant \kappa_r \frac{1}{k^{2p}},$$

其中

$$\kappa_r := \binom{2r-2}{r-1} r! \, c_r^r.$$

常数 c_r 由 (4.13) 给出.

(3) $\tilde{f}_{r,p}(k)$ 的消去.

我们将证明对于 (4.10) 中定义的函数 $\tilde{f}_{r,p}(k)$, 对所有的 $p \geqslant \left\lfloor \frac{r}{2} \right\rfloor + 1$ 都满足 $\tilde{f}_{r,p}(k) = 0$. 为了完成证明, 我们将简单地说明对于 r 和 $(m-p)$ 的每个组合 $m, r_1, \cdots, r_m, t_1, \cdots, t_m$, 都分别存在一个为 0 的因子 $c_{1,0}(k)$, 从而乘积 $\prod_{j=1}^m c_{r_j,t_j}(k)$ 就消去了.

我们取 $p \geqslant \left\lfloor \frac{r}{2} \right\rfloor + 1$, 由 (4.10) 可以得到 $m \geqslant \left\lfloor \frac{r}{2} \right\rfloor + 1$. 现在我们考虑一个任意的固定组合 $m, r_1, \cdots, r_m, t_1, \cdots, t_m$ 满足 $r_q \geqslant 1$ 并且 $t_q \geqslant 0$, 这样就有 $r_1 + \cdots + r_m = r$ 并且 $t_1 + \cdots + t_m = m - p$. 我们定义集合 $T = \{q : t_q = 0\}$ 和 $R = \{q : r_q = 1\}$, 这样就满足下列关系:

$$|T| \geqslant m - (m-p) = p, \quad \text{并且} \ |R| \geqslant 2m - r.$$

否则, 如果 $|T| \leqslant p-1$, 这就意味着 $\sum_{q=1}^m t_q \geqslant m - p + 1 > m - p$, 并且如果 $|R| \leqslant 2m - r - 1$, 就会有 $\sum_{q=1}^r r_q \geqslant (2m-r-1) + 2(m-(2m-r-1)) = r+1 > r$, 这就与 r_q 和 t_q 的选择相矛盾.

现在我们考虑集合 $R \cap T = \{q : t_q = 0 \wedge r_q = 1\}$, 由于 $|R \cup T| \leqslant m$, 利用容斥原理, 对于 $p \geqslant \left\lfloor \frac{r}{2} \right\rfloor + 1$, 有

$$|R \cap T| = |R| + |T| - |R \cup T| \geqslant 2m - r + p - m = m + p - r \geqslant 2\left\lfloor \frac{r}{2} \right\rfloor - r + 2 \geqslant 1.$$

后一个式子保证对于每个组合, 存在一个数 q, 使得 $r_q = 1$ 并且 $t_q = 0$, 从而在每个乘积 $\prod_{j=1}^m c_{r_j,t_j}(k)$ 中始终有因子 $c_{1,0}(k) = 0$. 这样, 我们就有

$$\tilde{f}_{r,p}(k) = 0, \quad \text{其中} \ p \geqslant \left\lfloor \frac{r}{2} \right\rfloor + 1.$$

我们也考虑了 $r = 2d$ 并且 $p = d$ 的特殊情况, 即

$$\tilde{f}_{2d,d}(k) = \sum_{m=d}^{2d} \frac{1}{m} \sum_{\substack{r_1+\cdots+r_m=2d \\ r_q \geqslant 1,\, 1 \leqslant q \leqslant m}} \sum_{\substack{t_1+\cdots+t_m=m-d \\ 0 \leqslant t_q \leqslant r_q k+1,\, 1 \leqslant q \leqslant m}} \prod_{j=1}^{m} c_{r_j,t_j}(k).$$

如果 $m \geqslant d+1$, 由前面论述可知, 对于每个乘积 $\prod_{j=1}^{m} c_{r_j,t_j}(k)$, 总存在因子 $c_{1,0}(k) = 0$. 因此所有 $m \geqslant d+1$ 的被加数都为 0, 这样就有

$$\tilde{f}_{2d,d}(k) = \frac{1}{d} \sum_{\substack{r_1+\cdots+r_d=2d \\ r_q \geqslant 1,\, 1 \leqslant q \leqslant d}} \sum_{\substack{t_1+\cdots+t_d=0 \\ 0 \leqslant t_q \leqslant r_q k+1,\, 1 \leqslant q \leqslant d}} \prod_{j=1}^{d} c_{r_j,t_j}(k)$$

$$= \frac{1}{d} \sum_{\substack{r_1+\cdots+r_d=2d \\ r_q \geqslant 1,\, 1 \leqslant q \leqslant d}} \prod_{j=1}^{d} c_{r_j,0}(k).$$

因为 $c_{1,0}(k) = 0$, 我们可以看到唯一非 0 的情况在 $r_1 = \cdots = r_d = 2$ 达到, 这意味着

$$\tilde{f}_{2d,d}(k) = \frac{1}{d} c_{2,0}^d(k) = \frac{\nu^d(k)}{d 2^d},$$

其中 $\nu(k) = \dfrac{2k^2-1}{k(k+1)^2(2k+1)}$.

(4) 中心矩的渐近分析.

总结前面 (1)—(3) 的结果, 给定 $r \geqslant 1$, 对于所有的 $n \geqslant rk+1$, r 阶中心矩由下式给出:

$$\mathbf{E}\big(\tilde{S}_{n,k}^r\big) = r!\, n \sum_{p=1}^{\lfloor \frac{r}{2} \rfloor} \tilde{f}_{r,p}(k) \binom{n+p-1}{p-1},$$

其中

$$|\tilde{f}_{r,p}(k)| \leqslant \frac{\kappa_r}{k^{2p}}, \quad \text{并且} \quad \tilde{f}_{2d,d}(k) = \frac{\nu^d(k)}{d 2^d}.$$

我们将对次临界情况下的中心矩进行渐近估计, 即 $\dfrac{k^2}{n} = o(1)$, 这样我们就可以假设选取足够大的 n, 满足 $\dfrac{(d-1)^2}{n} \leqslant 1$ 和 $\dfrac{k^2}{n} \leqslant \dfrac{1}{2}$.

考虑 $r = 2d$ 和 $d \geqslant 1$ 的情况, 有

$$\mathbf{E}\big(\tilde{S}_{n,k}^{2d}\big) = (2d)!\, \frac{\nu^d(k)}{d 2^d} \times \frac{(n+d-1)^{d-1} n}{(d-1)!} + \sum_{p=1}^{d-1} (2d)!\, \tilde{f}_{2d,p}(k) \binom{n+p-1}{p-1} n$$

$$= \frac{(2d)!}{d!\, 2^d} \nu^d(k) n^d \big(1 + R(n,k)\big),$$

其中

$$R(n,k) := \prod_{j=1}^{d-1} \left(1 + \frac{j}{n}\right) - 1 + \sum_{p=1}^{d-1} \frac{2^d d! \, \tilde{f}_{2d,p}(k)}{\nu^d(k) n^{d-1}} \binom{n+p-1}{p-1}.$$

我们得到简单估计

$$\left| \prod_{j=1}^{d-1} \left(1 + \frac{j}{n}\right) - 1 \right| = \prod_{j=1}^{d-1} \left(1 + \frac{j}{n}\right) - 1 \leqslant \left(1 + \frac{d-1}{n}\right)^{d-1} - 1$$

$$\leqslant e^{\frac{(d-1)^2}{n}} - 1 \leqslant \frac{(d-1)^2}{n} e^{\frac{(d-1)^2}{n}}$$

$$\leqslant \frac{(d-1)^2 e}{n}.$$

使用界限

$$\frac{1}{12k^2} \leqslant \nu(k) \leqslant \frac{1}{k^2},$$

这对所有的 $k \geqslant 1$ 都成立, 我们获得以下的估计:

$$\left| \sum_{p=1}^{d-1} \frac{2^d d! \, \tilde{f}_{2d,p}(k) \binom{n+p-1}{p-1}}{\nu^d(k) n^{d-1}} \right|$$

$$\leqslant 2^d d! \, \kappa_{2d} \sum_{p=1}^{d-1} \frac{n^{p-1} \prod_{j=1}^{p-1} \left(1 + \frac{j}{n}\right)}{\nu^d(k) n^{d-1} k^{2p}}$$

$$\leqslant 2^d d! \, \kappa_{2d} e^{\frac{(d-1)^2}{n}} \sum_{p=1}^{d-1} \frac{1}{n^{d-p} \nu^d(k) k^{2p}}$$

$$\leqslant 2^d d! \, \kappa_{2d} e \sum_{p=1}^{d-1} \frac{12^d k^{2d}}{n^{d-p} k^{2p}}$$

$$= (24)^d d! \, \kappa_{2d} e \frac{k^2}{n} \sum_{q=0}^{d-2} \left(\frac{k^2}{n}\right)^q$$

$$\leqslant (24)^d d! \, \kappa_{2d} e \frac{k^2}{n} \times \frac{1}{1 - \frac{k^2}{n}}$$

$$\leqslant 2e(24)^d d! \, \kappa_{2d} \frac{k^2}{n}.$$

结合这些估计, 在次临界情况下:

$$|R(n,k)| \leqslant \frac{(d-1)^2 e}{n} + 2e(24)^d d! \, \kappa_{2d} \frac{k^2}{n} = o(1),$$

进一步有

$$\mathbf{E}\big(\tilde{S}_{n,k}^{2d}\big) \sim \frac{(2d)!}{2^d d!}\big(\nu(k)n\big)^d, \quad \text{其中} \ d \geqslant 1.$$

我们还需要考虑 $r = 2d + 1$ 且 $d \geqslant 0$ 的情形, 有

$$\left|\mathbf{E}\big(\tilde{S}_{n,k}^{2d+1}\big)\right| = \left|(2d+1)! \, n \sum_{p=1}^{d} \tilde{f}_{2d+1,p}(k)\binom{n+p-1}{p-1}\right|$$

$$\leqslant (2d+1)! \sum_{p=1}^{d} \frac{\kappa_{2d+1}}{k^{2p}} \frac{n^p}{(p-1)!} \prod_{j=1}^{p-1}\Big(1+\frac{j}{n}\Big)$$

$$\leqslant (2d+1)! \, \kappa_{2d+1} e^{\frac{(d-1)^2}{n}} \sum_{p=1}^{d}\Big(\frac{n}{k^2}\Big)^p$$

$$\leqslant (2d+1)! \, \kappa_{2d+1} e\Big(\frac{n}{k^2}\Big)^d \sum_{q=0}^{d-1}\Big(\frac{k^2}{n}\Big)^q$$

$$\leqslant (2d+1)! \, \kappa_{2d+1} e\Big(\frac{n}{k^2}\Big)^d \frac{1}{1-\dfrac{k^2}{n}}$$

$$\leqslant 2e\big[(2d+1)!\big]\kappa_{2d+1}\Big(\frac{n}{k^2}\Big)^d$$

$$\leqslant 2e(12)^d\big[(2d+1)!\big]\kappa_{2d+1}\big(\nu(k)n\big)^d,$$

从而

$$\mathbf{E}\big(\tilde{S}_{n,k}^{2d+1}\big) = O\big((\nu(k)n)^d\big), \quad \text{其中} \ d \geqslant 0.$$

因此, 考虑

$$\frac{\tilde{S}_{n,k}}{\sqrt{\nu(k)n}} = \frac{S_{n,k} - \mathbf{E}(S_{n,k})}{\sqrt{\nu(k)n}},$$

其中 $\nu(k) = \dfrac{2k^2-1}{k(k+1)^2(2k+1)}$, 对于 $k = o(\sqrt{n})$, 我们有

$$\mathbf{E}\left(\Big(\frac{\tilde{S}_{n,k}}{\sqrt{\nu(k)n}}\Big)^{2d}\right) \to \frac{(2d)!}{d!\,2^d}, \quad \text{其中} \ d \geqslant 1,$$

并且

$$\mathbf{E}\left(\Big(\frac{\tilde{S}_{n,k}}{\sqrt{\nu(k)n}}\Big)^{2d+1}\right) = O\left(\frac{1}{\sqrt{\nu(k)n}}\right) = O\Big(\frac{k}{\sqrt{n}}\Big) \to 0, \quad \text{其中} \ d \geqslant 0.$$

对于次临界的情况, $\dfrac{\tilde{S}_{n,k}}{\sqrt{\nu(k)n}}$ 的矩收敛到标准正态分布的矩, 这就证明了收敛性

$$\frac{S_{n,k} - \dfrac{n}{k(k+1)}}{\sqrt{\dfrac{(2k^2-1)n}{k(k+1)^2(2k+1)}}} \xrightarrow{\mathcal{D}} \mathcal{N}(0,1).$$

定理 4.1的 (a) 部分就证明完了.

4.3 固定大小的子树多样性极限分布

原则上, 可以通过均值和方差的递归方法继续计算更高的矩, 并尝试通过递归矩的方法确定极限分布 (Chern et al., 2002). 然而, 正如前面提到的, 高阶矩的计算十分复杂. 我们选择了一种特殊的方法来计算其极限分布. 首先固定 k, 这里采用压缩法. 假定一个极限分布方程 (由 $S_{n,k}$ 生成, 且适当中心化和缩放的随机变量), 基于树的结构上的一些启发式方法, 通过给出分布函数在某个度量空间上与猜测极限的收敛性来验证猜想. 压缩法是由 Rösler(1991) 引入来分析快速排序算法的, 得益于他在复杂度有限的极限运算中提出的特殊结构, 很快成了一种流行的方法. Rachev 和 Rüschendorf(1995) 做了一些扩展. Rösler(2001) 和 Neininger(2001) 加入了一般收缩定理. Neininger(2002) 给出了压缩方法在递归树上的一个应用. Rösler 和 Rüschendorf(2001) 提供了一项有价值的调查. 从递归式 (4.1) 出发, 做以下标准化

$$\frac{S_{n,k} - n/(k(k+1))}{\sigma_k\sqrt{n}} \stackrel{\mathcal{D}}{=} \frac{S_{U_n,k} - U_n/(k(k+1))}{\sigma_k\sqrt{U_n}}\sqrt{\frac{U_n}{n}}$$
$$+ \frac{\tilde{S}_{n-U_n,k} - (n-U_n)/(k(k+1))}{\sigma_k\sqrt{n-U_n}}\sqrt{\frac{n-U_n}{n}}$$
$$- \frac{\mathbf{1}_{\{n-U_n=k\}}}{\sigma_k\sqrt{n}}.$$

令

$$S_{n,k}^* := \frac{S_{n,k} - n/(k(k+1))}{\sigma_k\sqrt{n}}.$$

为了深入探究, 可以认为当 k 固定时, 极限是正态的. 归一化随机变量的递归方程为

$$S_{n,k}^* \stackrel{\mathcal{D}}{=} S_{U_n,k}^*\sqrt{\frac{U_n}{n}} + \tilde{S}_{n-U_n,k}^*\sqrt{\frac{n-U_n}{n}} + \xi_k(n), \tag{4.14}$$

这里 $\xi_k(n) := -\mathbf{1}_{\{n-U_n=k\}}/(\sigma_k\sqrt{n})$ 是损失函数, 且是 $O(1/\sqrt{n})$. 式 (4.14) 中相加的项是相关的. 如果 $S^*_{n,k}$ 收敛到极限 S^*, 则 $S^*_{U_n,k}$ 和 $\tilde{S}^*_{n-U_n,k}$ 也同样如此, 因为 U_n 和 $n-U_n$ 依概率增长到无穷, 并且这些极限最终是独立的. 故有

$$\frac{U_n}{n} \xrightarrow{\mathcal{D}} U,$$

这里 U 服从 $(0, 1)$ 上的均匀分布. 故

$$\sqrt{\frac{U_n}{n}} \xrightarrow{\mathcal{D}} \sqrt{U}, \qquad \sqrt{\frac{n-U_n}{n}} \xrightarrow{\mathcal{D}} \sqrt{1-U}.$$

极限满足以下分布等式

$$S^* \overset{\mathcal{D}}{=} S^*\sqrt{U} + \tilde{S}^*\sqrt{1-U}. \tag{4.15}$$

形如式 (4.15) 的等式有正态分布的解 (Rösler and Rüschendorf, 2001).

下面我们将给出一个形式上的证明, 并将阐述 $k_n \to \infty$ 时应用压缩法的困难之处.

定理 4.2 在大小为 n 的均匀递归树中, 大小为 k 的子树个数满足

$$\frac{S_{n,k} - n/(k(k+1))}{\sqrt{n}} \xrightarrow{\mathcal{D}} \mathcal{N}\left(0, \frac{2k^2-1}{k(k+1)^2(2k+1)}\right).$$

证明 令 X_n 为满足递归式

$$X_n = X_{A_n} + \tilde{X}_{n-A_n} + 1$$

的随机变量, Rachev 和 Rüschendorf (1995) 利用在度量空间中的距离计算证明了 $X^*_n = (X_n - \mathbf{E}[X_n])/\sqrt{\mathbf{Var}[X_n]}$ 是渐近正态的, 如果以下条件成立:

(i) $\mathbf{Var}[X^*_n] \to a^2 > 0$;

(ii) $\sup_n \mathbf{E}|X^*_n|^3 < \infty$;

(iii) $A_n/n \to A, \mathbf{E}[A] > 0$, 且

$$\limsup_{n\to\infty} \mathbf{E}\left[\left(\frac{A_n}{n}\right)^{3/2} + \left(\frac{n-A_n}{n}\right)^{3/2}\right] < 1.$$

利用上述条件可知, 与中心化和缩放这两个随机关系相关的损失函数 $\tilde{\xi}(n)$ 收敛到 0. 该证明用 1 作为右边的自由项可以很容易地用一种相当小的方式进行修改以扩展到所有 $O(1)$ 自由项. 证明与 (Rachev and Rüschendorf, 1995) 几乎相同, 这里就不再赘述. 对随机变量 $S_{n,k}$, 有 $\mathbf{Var}[S^*_{n,k}] = (2k^2-1)/(k(k+1)^2(2k+1)) > 0$, 且满足条件 (i). 对于 (ii) 中的 3 阶估计, 我们用 $\mathbf{E}[(X^*_n)^4]$ 来避免绝对值的问题.

虽然我们可以作出精确的计算, 但如果只为证明, 则算出其有界估计即可. 式 (4.1) 可写为

$$S_{n,k} - \mathbf{E}[S_{n,k}] \overset{\mathcal{D}}{=} S_{U_n,k} + \tilde{S}_{n-U_n,k} - \mathbf{1}_{\{n-U_n=k\}} - \frac{n}{k(k+1)}.$$

利用与 4.2 节提出的求均值和方差的相似的递归与差分的方法, 可以写出以下递归式

$$\mathbf{E}\big[\big(S_{n,k} - \mathbf{E}[S_{n,k}]\big)^4\big] = \frac{n}{n-1}\mathbf{E}\big[\big(S_{n-1,k} - \mathbf{E}[S_{n-1,k}]\big)^4\big] + 3\sigma_k^4 n + f(k) + O\Big(\frac{1}{n}\Big),$$

这里 $f(k)$ 是一个只依赖于 k 的函数. 我们可以得到

$$\mathbf{E}\left[\left(\frac{S_{n,k} - \mathbf{E}[S_{n,k}]}{\sigma_k\sqrt{n}}\right)^4\right] \to 3.$$

因为 $S_{n,k}^*$ 是 $\mathcal{L}_4$ 收敛的, 故一定 $\mathcal{L}_3$ 收敛, 条件 (ii) 得证.

在我们的例子中 A_n 为 U_n, 是在集合 $\{1,\cdots,n-1\}$ 上的均匀分布随机变量. 因此, $U_n/n \overset{\mathcal{D}}{\longrightarrow} U$, 这里 U 是 $(0,1)$ 上的均匀分布, 且均值 $\mathbf{E}[U] = \frac{1}{2}$. 接下来有 $\limsup\limits_{n\to\infty} \mathbf{E}[(U_n/n)^{3/2} + ((n-U_n)/n)^{3/2}] = 4/5 < 1$, 满足条件 (iii). 并且损失函数 $\xi_k(n)$ 收敛到 0 的速度要快于 $\tilde{\xi}(n)$. □

注 4.2　在次临界情况下, 我们在定理 4.2 中使用的证明方法并不能使其本身轻易达到 $k_n \to \infty$, 因为对右边进行调整, 损失函数将变得很复杂, 并且很难证明其收敛到 0.

Pólya 罐方法

Najock 和 Heyde(1982) 以及 Meir 和 Moon(1988) 分别研究了叶节点 (大小为 1 的子树) 和出度为 1 的节点 (大小为 2 的子树的根). Mahmoud 和 Smythe(1992) 利用 Pólya 罐模型对这些受试者进行处理, 并可能延伸到更高的固定出度. Janson(2005) 也利用罐模型考虑了任意大小的出度. 这些研究中所涉及的 Pólya 罐方法都具有固定球加法矩阵. 研究大小为 k 的子树数目需要利用加入随机项的 Pólya 罐方法. 用 $k=3$ 来说明这个方法, 需要记录大小为 3 的子树的指定结构, 这里用了五种颜色. 图 4.1 展示了该子树的两种结构.

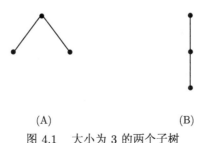

(A)　　　　　　　　(B)

图 4.1　大小为 3 的两个子树

可以将递归树的节点看作罐中的彩色球. 结构 (A) 中的所有节点可以用一个特定的颜色标记 (比如颜色 1), 并给结构 (B) 中的所有节点用不同的颜色标记 (比如颜色 2). 那么颜色 1 和颜色 2 的球的数量代表了大小为 3 的树中的所有节点. 并且其中的 1/3 作为大小为 3 的子树的根节点.

需要增加额外的颜色:

(1) 如果节点是大小至少为 4 的子树的根节点, 则称之为接合点.

(2) 与接合点直接连接的叶节点称为自由叶节点.

(3) 大小为 2 的子树中与接合点相连的节点成为 "边界". 图 4.2 展示了这种类型的结构.

图 4.2　含有边界节点的特殊子树结构: 类型 (C)

为完成颜色编译, 我们令自由的叶节点接受颜色 3, 让边界节点接受颜色 4, 最后让接合点接受颜色 5. 树及其子结构要经历以下过程: 如果颜色 1 的节点 (结构 (A) 的组成部分) 是这个树中下一个节点的父节点 (颜色 1 从罐中取得), 则有两种可能性:

(i) 两个节点的其中一个被选为父节点 (有条件地从 $B' = \mathrm{Be}(2/3)$ 测量出). 在这种情况下, 结构 (A) 会演化成结构 (C), 对应的颜色变化如下.

　结构 (A) 被破坏: 从罐中移除三个为颜色 1 的球.

　结构 (C) 形成——根为接合点: 加入一个颜色 5 的球.

　出现了自由叶节点: 加入一个颜色 3 的球.

　出现两个边界节点: 加入两个颜色 4 的球.

(ii) 结构 (A) 的根节点作为下个叶节点的根. 在本例中, 结构 (A) 是有条件地从 $B := \mathrm{Be}(1/3) = 1 - B'$ 中测出.

　结构 (A) 被破坏: 从罐中移除三个为颜色 1 的球.

　结构 (A) 的根节点变为接合点: 加入一个颜色 5 的球.

　新接合点的三个叶节点是自由叶节点: 加入三个颜色 3 的球.

　从结构 (A) 中选择球的相关准则如表 4.1 所示.

表 4.1　颜色 1 的球被抽中时的替代方案

加入球的颜色	1	2	3	4	5
加入球的数量	-3	0	$1 + 2B$	$2 - 2B$	1

可以按照下面的方法讨论剩余球的加法规则.

(1) 如果结构 (B) 的叶节点是下一个子节点的父节点, 根节点变成一个接合点, 并且与其连接的树的结构为 (B): 加一个颜色 5 的球.

(2) 如果出度为 1 的节点是下一个子节点的父亲, 根节点变成一个接合点且结构 (A) 作为子树出现: 加入一个颜色 5 的球, 三个颜色 1 的球; 移除三个颜色 2 的球.

(3) 如果结构 (B) 的根作为下一个子节点的根节点, 结构 (C) 出现: 分别加一个颜色 3 和颜色 5 的球, 两个颜色 4 的球; 移除三个颜色 2 的球. 与从结构 (B) 中选球相关的准则在表 4.2 中列出, 这里 $B' = \mathrm{Be}(1/3), B'' = \mathrm{Be}(1/3), B''' = \mathrm{Be}(1/3)$, 且 B', B'' 和 B''' 是互斥的, 即

$$B' + B'' + B''' = 1.$$

表 4.2　颜色 2 的球被抽中时的替代方案

加入球的颜色	1	2	3	4	5
加入球的数量	$3B'$	$3B''' - 3$	B''	$2B''$	1

(4) 如果一个自由叶节点是下一个子节点的根节点, 它就会变成一个出度为 1 的边界节点, 并且若新的子节点是一个边界叶节点: 加两个颜色 4 的球; 移除一个颜色 3 的球.

(5) 假设边界节点是下一个节点的根节点. 令 $\tilde{B}$ 为一个 $\mathrm{Be}\left(\dfrac{1}{2}\right)$ 的随机变量, 表示选择边界节点时非叶节点 (出度为 1) 有条件地被选择. 如果出度为 1 的边界节点 (颜色 4) 是下一个子节点的父节点, 它将成为结构 (A) 的根节点: 加入三个颜色 1 的球, 移除两个颜色 4 的球. 或者, 如果边界叶节点 (颜色 4) 是下一个子节点的父节点, 那么就出现了结构 (B): 加入三个颜色 2 的球, 移除两个颜色 4 的球.

(6) 如果接合点 (颜色 5) 是新节点的父节点, 那么它将仍然是接合点, 只有一个新的自由叶节点出现: 加一个颜色 3 的球.

现假设球加法矩阵为

$$\begin{pmatrix} -3 & 0 & 1+2B & 2-2B & 1 \\ 3B' & 3B'''-3 & B'' & 2B'' & 1 \\ 0 & 0 & -1 & 2 & 0 \\ 3\tilde{B} & 3-3\tilde{B} & 0 & -2 & 0 \\ 0 & 0 & 1 & 0 & 0 \end{pmatrix}.$$

注意到每行的求和都为 1, 之所以这样, 是因为我们在每个步骤中都加入了一个球 (节点).

矩阵的平均值为

$$\begin{pmatrix} -3 & 0 & 5/3 & 4/3 & 1 \\ 1 & -2 & 1/3 & 2/3 & 1 \\ 0 & 0 & -1 & 2 & 0 \\ 3/2 & 3/2 & 0 & -2 & 0 \\ 0 & 0 & 1 & 0 & 0 \end{pmatrix},$$

特征值为 $1, -1, -2, -3, -3, 1$ 是主特征值, 对应的主左行特征向量为 $\frac{1}{8}(1, 1, 2, 2, 2)$.

令 $X_{n,r}$ 为节点中颜色为 r 的个数. 由 (Janson, 2004a) 可知这样的 Pólya 罐方法满足以下收敛性

$$\frac{X_{n,r}}{n} \xrightarrow{\text{a.s.}} \lambda v_r,$$

这里 λ 是主特征值, 并且 v_r 是主左特征向量的第 r 个元素. 在我们的例子中, $\lambda = 1$ 并且

$$\frac{X_{n,1}}{n} \xrightarrow{\text{a.s.}} v_1 = \frac{1}{8},$$

$$\frac{X_{n,2}}{n} \xrightarrow{\text{a.s.}} v_2 = \frac{1}{8}.$$

因此, 大小为 3 的树的节点数目为 $X_{n,1} + X_{n,2}$, 满足收敛关系: $(X_{n,1} + X_{n,2})/n \xrightarrow{\text{a.s.}} \frac{1}{4}$. 这些节点的三分之一是大小为 3 的子树的根, 即

$$\frac{S_{n,3}}{n} \xrightarrow{\text{a.s.}} \frac{1}{3} \times \frac{1}{4} = \frac{1}{12}.$$

虽然在原则上是可行的, 我们也可以讨论当 k 更大时的 Pólya 罐方法, 但是如果还利用着色点的方法, 那将会变得十分复杂, 并且该方法也仅对固定的 k 适用.

4.4　固定形状的子树多样性

给定大小为 k 的根树 Γ, 令 $R_n := R(n, \Gamma)$ 表示与 Γ 同构的均匀递归树 $T_n (n$ 阶) 的边缘子树的数目. 下面将证明 R_n 的渐近正态性. Chyzak 等 (2006) 利用均匀非根标记树的类别的分析方法也得到了类似的结果. 这些作者没有在未生根的树的边缘作限制; 他们寻找了所有给定固定形状同构的导出子图.

为研究随机变量 R_n, 首先我们需要提出一些新的定义. 对某个有根的树 Γ, 令 $V(\Gamma)$ 表示顶点的集合, $|\Gamma| := |V(\Gamma)|$ 表示集合中顶点的总数. 对于任意顶点

$v \in V(\Gamma)$, 令 $S(v)$ 为 v 的直接子节点, $s(v)$ 为 $S(v)$ 的大小. 特别地, 如果 $s(v) = 0$, 则 v 是一个叶节点. 令 $\tau(v)$ 为一个子树且根为 $v \in V(\Gamma)$. 如果 $v_1, \cdots, v_{s(v)}$ 是 v 的直接继任者, 则 $\tau(v_1), \cdots, \tau(v_{s(v)})$ 中的一些图可能与 Γ 同构. 我们将 $d(v)$ 定义为不同子树的数目. 对 $v_1, \cdots, v_{s(v)}$ 进行适当的重新编号后, 则有 $b_1(v), \cdots, b_{d(v)}(v)$ 使得

$$\tau(v_1) \triangleq \cdots \triangleq \tau(v_{b_1(v)}),$$
$$\tau(v_{b_1(v)+1}) \triangleq \cdots \triangleq \tau(v_{b_1(v)+b_2(v)}),$$
$$\vdots$$
$$\tau(v_{1+\sum_{i=1}^{d(v)-1} b_i(v)}) \triangleq \cdots \triangleq \tau(v_{s(v)}),$$

这里标记 $\triangleq$ 代表同构. 当然 $b_i(v)$ 的定义不是唯一的, 因为不同组的子树可以重排. 定义函数

$$\psi : V(\Gamma) \to [0,1]; \quad \psi(v) = \begin{cases} \left(\prod_{i=1}^{d(v)} b_i(v)! \prod_{\tilde{v} \in S(v)} |\tau(\tilde{v})| \right)^{-1}, & S(v) \neq \varnothing, \\ 1, & \text{否则}. \end{cases}$$

令 $c(\Gamma) := \prod_{v \in V(\Gamma)} \psi(v)$. 这个形状函数类似于出现在位置树如二叉树或 m 叉树中的函数 (Fill, 1996; Dobrow and Fill, 1999; Fill and Kapur, 2005). 本质区别是阶乘因素, 它之所以能在这里出现, 是因为递归树基本上允许新的项出现在任意数量 (可能同构) 的子树上, 而在二叉树和 m 叉树中, 根据键的顺序统计量, 只给出了键的一个位置.

引理 4.2 对于一个给定的有根的树 Γ 且大小为 $|\Gamma|$, 如果我们用 $P(\Gamma)$ 来表示阶为 $|\Gamma|$ 的递归树与 Γ 同构的概率, 则 $P(\Gamma) = c(\Gamma)$.

证明 对 $|\Gamma|$ 利用归纳法, 当 $|\Gamma| = 1$ 时, 有 $c(\Gamma) = 1$. 假设现在该引理对 $|\Gamma| \leqslant k-1$ 成立, 这里 $k \geqslant 2$ 且为一个整数. 注意到对大小为 n' 的树 Γ', $(n'-1)! \, \mathbf{P}(\Gamma')$ 代表了与 Γ' 同构的递归树. 现在假设已经给定大小固定为 k 的树 Γ. 利用以上信息就能够计算出与 Γ 同构且大小为 k 的递归树的数目 $V_k(\Gamma)$. 为使大小为 k 的递归树与 Γ 同构, 它的根必须与 Γ 的根有相同数量的子节点. 假设顶点 r 是 Γ 的根, 且 $r_1, \cdots, r_{s(r)}$ 是 r 的子节点. 如果一个子树的根节点在任意树的根节点的叶节点上, 那我们称这个子树为该树的分支. 对于任意顶点 $v \in S(r)$, $|\tau(v)| < k$, 归纳假设适用于每个分支.

虽然 Γ 是固定的无标记树, 但通过对分支中的标记进行排列, 可得到大量与 Γ 同构的递归树. 因此我们需要选取 $|\tau(r_1)|$ 来标记根为 r_1 的子树, 用 $|\tau(r_2)|$ 来标记根为

r_2 的子树, $\cdots$, 用 $|\tau(r_{s(r)})|$ 来标记根为 $r_{s(r)}$ 的子树. 共有 $\begin{pmatrix} k-1 \\ |\tau(r_1)|, \cdots, |\tau(r_s(r))| \end{pmatrix}$ 种方法. 第 i 组的子树有 $b_i(r)!$ 种排列方式, 排列后的递归树依然与 Γ 同构. 最后, 将同构作用于每个单独的分支 (即要求其形状与对应的 Γ 分支相同), 有

$$
\begin{aligned}
V_k(\Gamma) &= \frac{(k-1)!}{\prod\limits_{i=1}^{s(r)} |\tau(r_i)|!} \times \frac{1}{b_1(r)! \cdots b_{d(r)}(r)!} \prod_{j=1}^{s(r)} \mathbf{P}\left(\tau(r_j)\right) \left(|\tau(r_i)|-1\right)! \\
&= \frac{(k-1)!}{\prod\limits_{i=1}^{d(r)} b_i(r)! \prod\limits_{i=1}^{s(r)} |\tau(r_i)|} \prod_{j=1}^{s(r)} \mathbf{P}(\tau(r_j)) \qquad \text{(归纳假设)} \\
&= (k-1)!\, \psi(r) \prod_{v \in V(\Gamma) \setminus \{r\}} \psi(v) \\
&= (k-1)! \prod_{v \in V(\Gamma)} \psi(v) \\
&= (k-1)!\, c(\Gamma).
\end{aligned}
$$

$\hfill \square$

令 $C := c(\Gamma)$ 为一个常数. 与式 (4.1) 的论证相似, 对于 R_n, 我们有

$$
R_n \stackrel{\mathcal{D}}{=} R_{U_n} + \tilde{R}_{n-U_n} - \mathbf{1}_{\{n-U_n=k\}} \mathrm{Be}(C). \tag{4.16}
$$

从 (4.16) 中, 可以得到 R_n 的均值与方差. 其推导与 4.2 节 $S_{n,k}$ 的推导类似, 从前两阶的计算开始, 再使用压缩法, 具体细节这里不再赘述.

命题 4.3　对于给定的大小为 $|\Gamma|$ 有根的树 Γ, 令 R_n 为大小为 $n > |\Gamma|$ 的递归树中与 Γ 同构的子树的数目. 则

$$
\mathbf{E}[R_n] = \frac{C}{k(k+1)}\, n;
$$

$$
\mathbf{Var}[R_n] = \frac{(k+1)(2k+1) - (3k+2)C}{k(k+1)^2(2k+1)} C\, n.
$$

定理 4.3　令 R_n 为大小为 k(形状函数为 C) 且形状固定的树在大小为 n 的递归树边缘出现的次数. 则

$$
\frac{R_n - Cn/(k(k+1))}{\sqrt{n}} \stackrel{\mathcal{D}}{\to} \mathcal{N}\left(0, \frac{(k+1)(2k+1) - (3k+2)C}{k(k+1)^2(2k+1)} C\right).
$$

第二部分
随机搜索树的极限性质

随机搜索树是一种自然生长的结构, 它是许多算法 (例如组合排序和搜索算法) 的基础, 并且是一种支持快速检索数据的数据结构.

随机二叉搜索树只有三类顶点, 即分别含有 0,1 和 2 个子点的顶点, 记 X_n 为大小是 n 的随机二叉搜索树的顶点数目, 我们首先建立关于 X_n 的递归方程, 之后可以得到其期望方差, 选取适当的概率距离利用压缩法证明 X_n 的大数律以及渐近正态性. 对于子树大小的讨论我们首先考虑其矩的期望和方差, 之后考虑子树多样性的问题. 令 $S_{n,k}$ 记录大小为 n 的随机树中大小为 k 的子树的数量, 其中 $k = k(n)$ 依赖于 n. 通过解析方法, 我们可以得出, 在次临界情况下, 当 $k(n)/\sqrt{n} \to 0$ 时, $S_{n,k}$(归一化后) 是渐近正态分布的; 而在超临界情况下, 当 $k(n)/\sqrt{n} \to \infty$ 时, $S_{n,k}$ 收敛到 0; 在临界情况下, 当 $k(n) = O(\sqrt{n})$ 时, 我们证明如果 $k/\sqrt{n}$ 接近极限, 那么 $S_{n,k}$ 依分布收敛到泊松分布随机变量; 然而, 如果 $k/\sqrt{n}$ 不接近有限的非零极限, 那么它的值振荡并且不依分布收敛到任何随机变量.

本部分的安排如下: 5.1 节参考了 (刘杰, 2008) 中随机搜索树的相关内容, 主要介绍随机搜索树的定义以及相关性质, 之后在 5.2 节讨论随机二叉搜索树叶点数目 X_n 的递归方程, 在此基础上就可以给出 X_n 各阶矩的表达式, 最后在 5.3 节利用压缩法证明了 X_n 的渐近正态性. 第 6 章 (参考了文献 (苏淳等, 2006)) 的前半部分主要讨论随机二叉搜索树上不同大小的子树和与给定某个二叉树同构的子树. 利用递归分布等式, 我们得出了它们各自数目的期望和方差并用压缩法得出了它们的中心极限定理. 之后 6.3 节讨论子树多样性的问题, 这一部分主要参考了文献 (Feng et al., 2008) 的相关证明推导, 首先给出其偏微分方程, 然后讨论精确矩的计算, 接着我们展示了如何计算临界、次临界和超临界情况下的极限分布. 我们在该节结束时对分析方法的选择进行了一些评论.

第 5 章 随机搜索树的顶点类别

树型结构是一类重要的非线性数据结构, 它是信息的重要组织形式之一, 其中以二叉树最为常用, 通过它可以将数据以数组的形式进行存储, 反之, 对已存储的二叉树, 可以通过不同的方法对树中的数据进行遍历和检索.

本章的 5.1 节介绍随机二叉搜索树的定义以及相关性质, 之后在 5.2 节讨论随机二叉搜索树叶点数目 X_n 的递归方程, 在此基础上就可以给出 X_n 各阶矩的表达式, 最后在 5.3 节利用压缩法选取适当概率距离证明 X_n 的大数律以及渐近正态性.

5.1 随机搜索树的定义

二叉树是一种特殊的树型结构, 它的特点是每个顶点至多只有两个子树 (即二叉树中不存在度大于 2 的顶点), 并且, 二叉树的子树有左右之分, 树中的顶点的子点同样也有左右之分, 它们的次序不能任意颠倒.

如果树中没有顶点, 则称为空树. 一个深度为 k 且有 $2^k - 1$ 个顶点的二叉树称为满二叉树. 如果我们对二叉树的顶点进行连续编号, 约定编号从根点起, 自上而下, 自左而右, 对于深度为 k, 并含有 n 个顶点的二叉树, 如果其每一个顶点都与深度为 k 的满二叉树中标号从 1 到 n 的顶点, 可以做到一一对应, 则称之为完全二叉树. 显然对于完全二叉树而言, 叶点只可能在层数最大的两层上出现; 对任一顶点, 若其右分支下的后代的最大层为 j, 则其左分支下的后代的最大层为 j 或 $j + 1$.

根据二叉树的结构特点, 它具有如下性质 (严蔚敏和吴伟民, 1997).

性质 1 在二叉树的第 i 层上至多有 2^{i-1} 个顶点 $(i \geqslant 1)$.

性质 2 深度为 k 的二叉树至多有 $2^k - 1$ 个顶点 $(k \geqslant 1)$.

性质 3 具有 n 个顶点的完全二叉树的深度为 $\lfloor \log_2 n \rfloor + 1$, 其中, 符号 $\lfloor x \rfloor$ 表示不大于 x 的最大整数.

性质 4 如果对于一个含有 n 个顶点的完全二叉树的顶点按照自上而下, 自左而右的顺序进行逐个标号, 则对任一顶点 $i(1 \leqslant i \leqslant n)$, 有

(1) 如果 $i = 1$, 则顶点 i 是二叉树的根, 无父点; 如果 $i > 1$, 则其父点是顶点 $\lfloor i/2 \rfloor$.

(2) 如果 $2i > n$, 则顶点 i 无左子点; 否则, 其左子点就是顶点 $2i$.

(3) 如果 $2i + 1 > n$, 则顶点 i 无右子点; 否则, 其右子点就是顶点 $2i + 1$.

如果二叉树不是满二叉树也不是完全二叉树, 在存储的时候, 通常将该二叉树先补全为完全二叉树, 并设定那些后补的顶点的标号皆为 0, 存储后补的顶点时, 空一个存储单元在那里即可. 所以, 如果二叉树中空节点很多, 就会造成存储空间的巨大浪费, 而且, 一般我们将数据按照二叉树的形式存储在计算机中之后, 还要设法对其中所含数据进行遍历、检索等操作. 在处理这些情况的时候, 原先的那种自上而下、自左而右的标号方法就显得并不是很合理, 于是, 对于需要存储的数据块 $(l_1, l_2, \cdots, l_n)$, 不妨用 $(1, 2, \cdots, n)$ 对其进行取代 (这是因为, 即使数据块中有相同的数据, 它在存储时也要占据不同的存储单元, 所以, 可以视其不同, 这样, 我们就可以将 $(l_1, l_2, \cdots, l_n)$ 看作一组严格有序的数, 自然就可以用 $(1, 2, \cdots, n)$ 代替之), 我们采用如下的二叉搜索树的形式对数据进行存储, 则在遍历、检索的时候就会方便许多.

二叉搜索树是二叉树的一种. 它的构造方法如下: 设有一个严格有序集 $(l_1, l_2, \cdots, l_n)$, 不妨设它就是 $(1, 2, \cdots, n)$, 对于 $\{1, 2, \cdots, n\}$ 的任意一个置换 $(\pi_1, \pi_2, \cdots, \pi_n)$, 首先将该置换中的第一个元素 π_1 对应为二叉搜索树的根点; 对于元素 π_2, 如果 π_2 小于根点 π_1, 就将它对应为左子树的根点, 否则, 将它对应为右子树的根点; 然后, 再依次考虑元素 $\pi_j (j \geqslant 2)$, 仍然将它们先和根点进行比较, 若 $\pi_j < \pi_1$, 则 π_j 插入到左子树, 否则就被插入到右子树上. 不论 π_j 被插入到哪边的子树, 都要在该子树中递归地与子树的根点进行比较, 并遵从上面 "小左大右" 的构造规则, 直至被插入到一个空的位置上.

图 5.1 是排列 $(6, 10, 8, 2, 4, 9, 1, 7, 5, 12, 3, 11)$ 所对应的二叉搜索树.

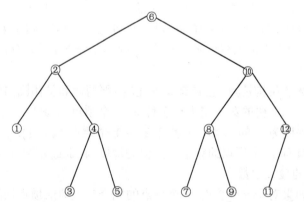

图 5.1   排列 $(6, 10, 8, 2, 4, 9, 1, 7, 5, 12, 3, 11)$ 所对应的二叉搜索树

对于二叉搜索树, 常常要求在树中查找具有某种特性的顶点, 或者对树中的顶点逐一进行某种处理, 这就要求遍历二叉树, 即按照某条搜索路径巡访树中的

每一个顶点, 使得每个顶点均被访问一次, 而且仅被访问一次. 由于二叉搜索树是由三个基本单元组成的: 根点、左子树和右子树, 因此, 若能依次遍历这三个部分, 便遍历了整个二叉搜索树, 按照遍历根点、左子树和右子树的先后顺序, 通常有三种常见的遍历二叉搜索树的方案, 分别称之为先序遍历、中序遍历和后序遍历. 基于二叉搜索树的递归定义, 可得这三种遍历法的递归算法如下.

先序遍历二叉搜索树的操作定义为: 若二叉树为空, 则空操作; 否则,

(1) 访问根节点,

(2) 先序遍历左子树,

(3) 先序遍历右子树.

对图 5.1 所示的二叉搜索树, 若对它进行先序遍历, 则遍历的顶点先后顺序为
$6 \to 2 \to 1 \to 4 \to 3 \to 5 \to 10 \to 8 \to 7 \to 9 \to 12 \to 11$.

中序遍历二叉搜索树的操作定义为: 若二叉树为空, 则空操作; 否则,

(1) 中序遍历左子树,

(2) 访问根节点,

(3) 中序遍历右子树.

对图 5.1 所示的二叉搜索树, 若对它进行中序遍历, 则遍历的顶点先后顺序为
$1 \to 2 \to 3 \to 4 \to 5 \to 6 \to 7 \to 8 \to 9 \to 10 \to 11 \to 12$. 显然二叉搜索树的中序遍历的顺序就是按照顶点标号从小到大的顺序.

后序遍历二叉搜索树的操作定义为: 若二叉树为空, 则空操作; 否则,

(1) 后序遍历左子树,

(2) 后序遍历右子树,

(3) 访问根节点.

对图 5.1 所示的二叉搜索树, 若对它进行后序遍历, 则遍历的顶点先后顺序为
$1 \to 3 \to 5 \to 4 \to 2 \to 7 \to 9 \to 8 \to 11 \to 12 \to 10 \to 6$.

由构造过程容易看出, 二叉搜索树的所有子树仍然是二叉搜索树, 由 $(1, 2, \cdots, n)$ 的每个置换都可以唯一地确定一个大小为 n 的二叉搜索树, 且左子树中的顶点都小于根点, 右子树中的顶点都大于根点. 因为 $(1, 2, \cdots, n)$ 一共有 $n!$ 个不同的置换, 所以, 大小为 n 的二叉搜索树就有 $n!$ 个 (这些二叉搜索树中可能有相同的). 例如: 当 $n = 3$ 时, $(1, 2, 3)$ 有 6 个不同的置换, 它们分别为 $(1, 2, 3)$, $(1, 3, 2)$, $(2, 1, 3)$, $(2, 3, 1)$, $(3, 1, 2)$, $(3, 2, 1)$. 图 5.2 列出了这几个置换各自对应的二叉搜索树 (其中, 位于最上面的顶点为根点).

如果对每个二叉搜索树分别赋以概率, 就可以得到随机二叉搜索树. 通常假设 $(1, 2, \cdots, n)$ 的每个置换是等可能的, 亦即 $(1, 2, \cdots, n)$ 所有 $n!$ 个置换所对应的二叉搜索树皆以概率 $1/n!$ 出现. 并记大小为 n 的随机二叉搜索树为 $\mathcal{T}_n$.

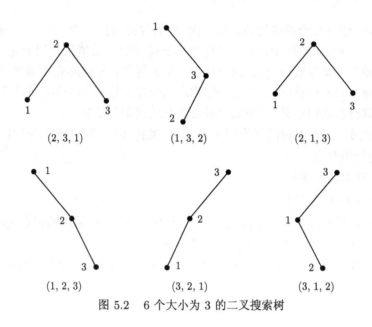

图 5.2　　6 个大小为 3 的二叉搜索树

　　这里需要注意的是, 一个排列可以唯一地确定一个二叉搜索树, 但是两者并不是一一对应的. 例如在图 5.1 中所示的二叉搜索树, 它还可以由排列 (6, 2, 10, 8, 4, 9, 1, 7, 5, 12, 3, 11) 得到. 在图 5.2 中, 排列 (2, 1, 3) 和 (2, 3, 1) 所对应的二叉搜索树也是完全相同的. 由此可知, 在我们所考察的模型下, 每种二叉搜索树并不是等概率出现的. 例如, 在图 5.2 中, 排列 (2, 1, 3) 对应的二叉搜索树, 其出现的概率是 1/3, 而其余的 4 种树出现的概率则均为 1/6. 关于随机二叉搜索树的更多性质可参阅文献 (Mahmoud and Smythe, 1992).

　　当然, 如果对各种不同形状的二叉搜索树赋予相同的出现概率, 例如当 $n = 3$ 时, 赋予图 5.2 中的 5 种形状的树的出现概率均为 $\dfrac{1}{5}$, 那么这就是另外一种随机树模型, 称为均匀二叉搜索树或随机二叉 Catalan 树. Catalan 的名称的由来, 是因为大小为 n 的二叉搜索树的种类数恰好是第 n 个 Catalan 数, 即 $\dfrac{1}{n+1}\dbinom{2n}{n}$. 关于此种模型的更多介绍, 可参阅文献 (Kemp, 1984; Mahmoud, 1995), 本书不作详述.

　　我们所讨论的随机二叉搜索树便属于前面一种类型. 此时, 随机二叉搜索树中的各个参数也就成了随机变量, 它们的概率性质吸引了众多的注意力.

　　现在已经有很多计算机科学家和数学家在文献和著作中深入讨论过随机二叉搜索树的一些参数的性质. 例如: Kirschenhofer(1983) 考察了随机二叉搜索树的高度和叶点数目; Panholzer 和 Prodinger(1998) 研究了任意给定顶点的祖先和后

代的数目; Devroye 和 Neininger(2004) 得到了任意两个顶点间距离的高阶矩的阶和尾部的界; Mahmoud 和 Neininger(2003) 则得到了任意一对顶点间距离的高斯极限分布, 并刻画了它的收敛速度; Janson(2006) 准确地得到了随机二叉搜索树左右子树路径总长之差的矩和极限分布. Devroye(2005) 用 Stein 方法研究了随机二叉搜索树上若干参数的渐近性质. 此外, 还有很多学者讨论了随机二叉搜索树的高度, 并得到了它的一些性质, 如: 期望和方差的渐近式, 极限分布等 (更多可以参阅文献 (Devroye, 1986; Drmota, 2001, 2003) 等).

Rote(1997) 用三种组合方法计算了给定含有 0, 1 或 2 个子点的顶点数目的二叉树的个数.

定理 5.1 所有大小为 n 的二叉树中, 含有 i 个带有两个子点的顶点, j 个带有一个子点的顶点, k 个叶点的二叉树的个数为

$$2j\binom{2i+j}{j}b_i = \binom{n}{i,j,k}\frac{2^j}{n},$$

其中, $0 \leqslant i,j,k \leqslant n$ 为整数,

$$\binom{n}{i,j,k} := \frac{n!}{i!j!k!},$$

b_n 是 Catalan 数

$$b_n := \frac{1}{n+1}\binom{2n}{n}.$$

同样, 在随机二叉搜索树中, 每个顶点也最多有两个子点, 所以, 树中自然只会有三类顶点, 即含有 0, 1 或 2 个子点的顶点. 我们分别用 $X_n, X_n^{(1)}$ 和 $X_n^{(2)}$ 来表示大小为 n 的随机二叉搜索树 $\mathcal{T}_n$ 中这三类顶点的个数. Mahmoud(1995) 计算了 $X_n, X_n^{(1)}$ 和 $X_n^{(2)}$ 的分布律.

定理 5.2 若 $\mathcal{T}_n$ 是大小为 n 的随机二叉搜索树, 则

$$\mathbf{P}(X_n = j) = \frac{1}{b_n}\sum_{i=0}^{n-j}(-1)^{n-j-i}b_i\binom{i+1}{n-i}\binom{n-i}{j},$$

$$\mathbf{P}(X_n^{(1)} = j) = \frac{1}{b_n}\sum_{i=0}^{n-j}(-1)^{n-j-i}2^{n-i}b_i\binom{n-1}{i-1}\binom{n-i}{j},$$

$$\mathbf{P}(X_n^{(2)} = j) = \frac{1}{b_n}\sum_{k=0}^{j}(-1)^{j-k}b_k\binom{n-k}{j-k}$$
$$\times \sum_{i=0}^{n-k}2^{n-k-i}\binom{n-1}{k+i-1}\binom{k+1}{i},$$

其中, $0 \leqslant j \leqslant n$ 为整数, b_n 是 Catalan 数.

Prodinger(1996) 采用 Zerlberger 算法, 也得到了 X_n, Y_n 和 Z_n 的分布律, 不过, 较之文献 (Mahmoud, 1995), 则更为精细.

定理 5.3　若 $\mathcal{T}_n$ 是大小为 n 的随机二叉搜索树, 则

$$\mathbf{P}(X_n = j) = \frac{2^{n+1-2j}(n+1)!n!(n-1)!}{j!(j-1)!(n+1-2j)!(2n)!},$$

$$\mathbf{P}(X_{2n+1}^{(1)} = 2j) = \frac{2^{2j-1}(2n+2)!(2n)!(2n)!}{(2j)!(n-j+1)!(n-j)!(4n+1)!},$$

$$\mathbf{P}(X_{2n}^{(1)} = 2j+1) = \frac{2^{2j+1}(2n+1)!(2n)!(2n-1)!}{(2j+1)!(n-j)!(n-j-1)!(4n)!},$$

$$\mathbf{P}(X_n^{(1)} = j) = 0, \quad \text{若 } n+j \text{ 为偶数},$$

$$\mathbf{P}(X_n^{(2)} = j) = \frac{2^{n-1-2j}(n+1)!n!(n-1)!}{(j+1)!(j)!(n-1-2j)!(2n)!},$$

其中, $0 \leqslant j \leqslant n$ 为整数.

我们感兴趣的是当随机二叉搜索树 $\mathcal{T}_n$ 的大小 $n \to \infty$ 时, $X_n, X_n^{(1)}$ 和 $X_n^{(2)}$ 的极限分布, 显然不可从上述的分布律中直接得到, 我们采用压缩法求解它们的极限性质.

首先, 我们建立了关于随机变量 X_n 的递归方程, 并由此入手, 得到了其期望和方差, 并在此基础上, 选取适当的概率距离, 运用压缩法证明了 X_n 的大数律和渐近正态性.

5.2　递归方程

如前, 以 $\mathcal{T}_n$ 表示大小为 n 的随机二叉搜索树. 以 X_n 表示 $\mathcal{T}_n$ 中叶点 (无子点的顶点) 的数目, 并分别以 n_L 和 n_R 记 $\mathcal{T}_n$ 的左右子树的大小. 显然, $n_L + n_R = n-1$, 且左右子树中的叶点数目分别为 X_{n_L} 和 X_{n_R}.

由随机二叉搜索树的结构, 可以建立关于 X_n 的递归式, 这也是本章之基础.

定理 5.4　对于大小为 $n \geqslant 2$ 的随机二叉搜索树 $\mathcal{T}_n$ 中的叶点数目 X_n, 有

$$X_n \overset{\mathcal{D}}{=} X_{U_n} + X_{n-1-U_n}^*, \tag{5.1}$$

其中, 随机变量 U_n 服从 $\{0, 1, \cdots, n-1\}$ 上的均匀分布, $X_{n-1-U_n}^* \overset{\mathcal{D}}{=} X_{U_n}$, 且 X_{U_n} 和 $X_{n-1-U_n}^*$ 关于 U_n 条件独立.

证明 从二叉搜索树的构造过程可以看出它是一种有标记的二叉树, 且满足下面三条性质:

(I) 左子树上的所有顶点的标记小于根点的标记;

(II) 右子树上的所有顶点的标记大于根点的标记;

(III) 左子树和右子树都是二叉搜索树.

因为 $\{1, 2, \cdots, n\}$ 的所有 $n!$ 个置换是等可能的, 所以自然就产生 $n!$ 个大小为 n 的二叉搜索树, 它们都以相同的概率 $1/n!$ 出现. 对每个二叉搜索树而言, 与之对应的置换中的第一个数就是树的根点的标记. 如果用 R_n 表示大小为 n 的随机二叉搜索树根点的标记, 那么, 对任意整数 $1 \leqslant k \leqslant n$, 我们有

$$\mathbf{P}(R_n = k) = \frac{(n-1)!}{n!} = \frac{1}{n}.$$

据此和性质 (I) 与 (II), 我们可知 $\mathcal{T}_n$ 的左右子树的大小 n_L 和 n_R 都服从 $\{0, 1, \cdots, n-1\}$ 上的均匀分布, 即: 对任意正整数 $n \geqslant 2$,

$$n_L \stackrel{\mathcal{D}}{=} U_n;$$
$$n_R = n - 1 - n_L$$
$$\stackrel{\mathcal{D}}{=} n - 1 - U_n$$
$$\stackrel{\mathcal{D}}{=} U_n,$$

其中, U_n 为 $\{0, 1, \cdots, n-1\}$ 上的均匀分布.

当 $n \geqslant 2$ 时, 随机二叉搜索树至少有一个子树, 故根点肯定有子点, 根点自然不是叶点. 所以, 由性质 (III) 可知随机二叉搜索树的叶点数目等于它左子树和右子树的叶点之和, 即

$$X_n = X_{n_L} + X_{n_R}$$
$$\stackrel{\mathcal{D}}{=} X_{U_n} + X^*_{n-1-U_n}, \quad n \geqslant 2,$$

其中, U_n 为 $\{0, 1, \cdots, n-1\}$ 上的均匀分布, $X^*_{n-1-U_n} \stackrel{\mathcal{D}}{=} X_{U_n}$. 此外, 由随机二叉搜索树的定义可以看出 X_{U_n} 和 $X^*_{n-1-U_n}$ 关于 U_n 条件独立. $\qquad\square$

定理 5.4 中的递归关系式 (5.1) 在下面计算 X_n 的各阶矩时将发挥很大作用. 在本章中, 我们只需要知道 X_n 的前几阶矩. 由于计算方法类似, 下面只详细给出 X_n 的期望和方差的计算过程, 略去更高阶矩的计算.

定理 5.5 对大小为 n 的随机二叉搜索树中的叶点数目 X_n, 有

$$\mathbf{E}[X_1] = \mathbf{E}[X_2] = 1,$$

$$\mathbf{E}[X_n] = \frac{n+1}{3}, \quad n \geqslant 2. \tag{5.2}$$

证明　补充定义 $X_0 \equiv 0$. 当 $n = 1$ 和 $n = 2$ 时, 显然有 $X_1 = X_2 = 1$, 所以 $\mathbf{E}[X_1] = \mathbf{E}[X_2] = 1$. 当 $n \geqslant 2$ 时, 由于 U_n 和 $n - 1 - U_n$ 同服从 $\{0, 1, \cdots, n - 1\}$ 上的均匀分布, 所以, 如果我们在递归式 (5.1) 两边取期望, 并对 $U_n = j$ 取条件, 则有

$$
\begin{aligned}
\mathbf{E}[X_n] &= \mathbf{E}[X_{U_n}] + \mathbf{E}[X_{n-1-U_n}^*] \\
&= \mathbf{E}\left[\sum_{j=0}^{n-1} X_j \mathbf{P}(U_n = j)\right] + \mathbf{E}\left[\sum_{j=0}^{n-1} X_{n-1-j}^* \mathbf{P}(U_n = j)\right] \\
&= \frac{1}{n}\mathbf{E}\left[\sum_{j=0}^{n-1} X_j\right] + \frac{1}{n}\mathbf{E}\left[\sum_{j=0}^{n-1} X_{n-1-j}^*\right] \\
&= \frac{2}{n}\sum_{j=0}^{n-1} \mathbf{E}[X_j].
\end{aligned}
$$

再利用所得的关系式, 推出关于数学期望的递推关系式

$$
\begin{aligned}
\mathbf{E}[X_n] &= \frac{2}{n}\mathbf{E}[X_{n-1}] + \frac{2}{n}\sum_{j=0}^{n-2}\mathbf{E}[X_j] \\
&= \frac{2}{n}\mathbf{E}[X_{n-1}] + \frac{n-1}{n}\left(\frac{2}{n-1}\sum_{j=0}^{n-2}\mathbf{E}[X_j]\right) \\
&= \frac{2}{n}\mathbf{E}[X_{n-1}] + \frac{n-1}{n}\mathbf{E}[X_{n-1}] \\
&= \frac{n+1}{n}\mathbf{E}[X_{n-1}].
\end{aligned}
$$

利用该递推关系式依次递推, 即得

$$
\begin{aligned}
\mathbf{E}[X_n] &= \frac{n+1}{n} \times \frac{n}{n-1}\mathbf{E}[X_{n-2}] \\
&= \cdots \\
&= \prod_{j=0}^{n-3}\frac{n+1-j}{n-j}\mathbf{E}[X_2] \\
&= \frac{n+1}{3}.
\end{aligned}
$$

　□

再来计算 X_n 的方差.

定理 5.6　对于大小为 n 的随机二叉搜索树中的叶点数目 X_n, 有

$$
\mathbf{Var}[X_1] = \mathbf{Var}[X_2] = 0,
$$

$$\mathbf{Var}[X_n] = \frac{n+1}{18}, \quad n \geqslant 3. \tag{5.3}$$

证明 由于 $X_1 = X_2 = 1$, 显然有 $\mathbf{Var}[X_1] = \mathbf{Var}[X_2] = 0$. 为了得到 $n \geqslant 3$ 时 $\mathbf{Var}[X_n]$ 的表达式, 需要先计算 $\mathbf{Var}[X_3]$.

对递归式 (5.1) 两边平方后取期望, 同时注意到 $X_j \overset{\mathcal{D}}{=} X_j^*$, 即得

$$\begin{aligned}
\mathbf{E}[X_n^2] &= \mathbf{E}[(X_{U_n} + X_{n-1-U_n}^*)^2] \\
&= \mathbf{E}[X_{U_n}^2] + \mathbf{E}[(X_{n-1-U_n}^*)^2] + 2\mathbf{E}[X_{U_n} X_{n-1-U_n}^*] \\
&= \mathbf{E}\left[\sum_{j=0}^{n-1} X_j^2 \mathbf{P}(U_n = j)\right] + \mathbf{E}\left[\sum_{j=0}^{n-1} (X_{n-1-j}^*)^2 \mathbf{P}(U_n = j)\right] \\
&\quad + 2\mathbf{E}\left[X_j X_{n-1-j}^* \mathbf{P}(U_n = j)\right] \\
&= \frac{1}{n}\mathbf{E}\left[\sum_{j=0}^{n-1} X_j^2\right] + \frac{1}{n}\mathbf{E}\left[\sum_{j=0}^{n-1} (X_{n-1-j}^*)^2\right] \\
&\quad + \frac{2}{n}\mathbf{E}\left[\sum_{j=0}^{n-1} (X_j X_{n-1-j}^*)\right] \\
&= \frac{2}{n}\sum_{j=0}^{n-1} \mathbf{E}[X_j^2] + \frac{2}{n}\mathbf{E}\left[\sum_{j=0}^{n-1} (X_j X_{n-1-j})\right].
\end{aligned}$$

由上式和 $X_0 = 0$, $X_1 = X_2 = 1$, 得

$$\begin{aligned}
\mathbf{E}[X_3^2] &= \frac{2}{3}(\mathbf{E}[X_0^2] + \mathbf{E}[X_1^2] + \mathbf{E}[X_2^2]) \\
&\quad + \frac{2}{3}(\mathbf{E}[X_0]\mathbf{E}[X_2] + \mathbf{E}[X_1]\mathbf{E}[X_1] + \mathbf{E}[X_2]\mathbf{E}[X_0]) \\
&= \frac{2}{3}(0 + 1 + 1) + \frac{2}{3}(0 + 1 + 0) \\
&= 2.
\end{aligned}$$

因此, 由 (5.2) 式, 我们有

$$\mathbf{Var}[X_3] = \mathbf{E}[X_3^2] - \mathbf{E}^2[X_3] = 2 - \left(\frac{4}{3}\right)^2 = \frac{2}{9}.$$

容易看出, $\mathbf{Var}[X_3]$ 的结果也满足 (5.3) 式.

再来建立 $\mathbf{Var}[X_n]$ 的递归关系式. 由于 $U_n \overset{\mathcal{D}}{=} n-1-U_n$ 为 $\{0, 1, \cdots, n-1\}$ 上的均匀分布, 我们就有

$$\mathbf{Var}[X_n] = \mathbf{E}\left[X_n - \mathbf{E}[X_n]\right]^2$$

$$= \mathbf{E}\left[X_{U_n} + X^*_{n-1-U_n} - \frac{n+1}{3}\right]^2$$

$$= \mathbf{E}\left[\sum_{j=0}^{n-1}\left(X_j + X^*_{n-1-j} - \frac{n+1}{3}\right)^2 \mathbf{P}(U_n = j)\right]$$

$$= \frac{1}{n}\sum_{j=0}^{n-1}\mathbf{E}\left[X_j + X^*_{n-1-j} - \frac{n+1}{3}\right]^2$$

$$= \frac{1}{n}\sum_{j=0}^{n-1}\mathbf{E}\left[\left(X_j - \frac{j+1}{3}\right) + \left(X^*_{n-1-j} - \frac{n-j}{3}\right)\right]^2$$

$$= \frac{1}{n}\sum_{j=0}^{n-1}\mathbf{E}\left[X_j - \frac{j+1}{3}\right]^2 + \frac{1}{n}\sum_{j=0}^{n-1}\mathbf{E}\left[X^*_{n-1-j} - \frac{n-j}{3}\right]^2$$

$$+ \frac{2}{n}\sum_{j=0}^{n-1}\mathbf{E}\left[\left(X_j - \frac{j+1}{3}\right)\left(X^*_{n-1-j} - \frac{n-j}{3}\right)\right].$$

由定理 5.4, 我们知道 $X_j \overset{\mathcal{D}}{=} X^*_j$, 且对任意正整数 $j, k \geqslant 0$, X_j 和 X^*_k 相互独立. 因此,

$$\mathbf{Var}[X_n] = \frac{2}{n}\sum_{j=0}^{n-1}\mathbf{E}\left[X_j - \frac{j+1}{3}\right]^2$$

$$+ \frac{2}{n}\sum_{j=0}^{n-1}\left(\mathbf{E}\left[X_j - \frac{j+1}{3}\right]\mathbf{E}\left[X_{n-1-j} - \frac{n-j}{3}\right]\right)$$

$$= \frac{2}{n}\sum_{j=0}^{n-1}\mathbf{Var}[X_j].$$

再利用所得的关系式, 推出关于方差的递推关系式

$$\mathbf{Var}[X_n] = \frac{2}{n}\mathbf{Var}[X_{n-1}] + \frac{2}{n}\sum_{j=0}^{n-1}\mathbf{Var}[X_j]$$

$$= \frac{2}{n}\mathbf{Var}[X_{n-1}] + \frac{n-1}{n}\left(\frac{2}{n-1}\sum_{j=0}^{n-1}\mathbf{Var}[X_j]\right)$$

$$= \frac{2}{n}\mathbf{Var}[X_{n-1}] + \frac{n-1}{n}\mathbf{Var}[X_{n-1}]$$

$$= \frac{n+1}{n}\mathbf{Var}[X_{n-1}].$$

于是, 对任意正整数 $n > 3$, 我们有

$$
\begin{aligned}
\mathbf{Var}[X_n] &= \frac{n+1}{n} \times \frac{n}{n-1} \mathbf{Var}[X_{n-2}] \\
&= \cdots \\
&= \prod_{j=0}^{n-4} \frac{n+1-j}{n-j} \mathbf{Var}[X_3] \\
&= \prod_{j=0}^{n-4} \frac{n+1-j}{n-j} \times \frac{2}{9} \\
&= \frac{n+1}{18}.
\end{aligned}
$$

□

由 X_n 的期望和方差的表达式, 我们可以立即得到下面两个推论.

推论 5.1　　若 X_n 为大小为 n 的随机二叉搜索树中的叶点数目, 则当 $n > 2$ 时, 有

$$
\mathbf{E}[X_n^2] = \frac{(n+1)(2n+3)}{18}. \tag{5.4}
$$

证明　　结合 (5.2) 式和 (5.3) 式, 即有

$$
\begin{aligned}
\mathbf{E}[X_n^2] &= \mathbf{Var}[X_n] + [\mathbf{E}X_n]^2 \\
&= \frac{n+1}{18} + \left(\frac{n+1}{3}\right)^2 \\
&= \frac{(n+1)(2n+3)}{18}, \quad n > 2.
\end{aligned}
$$

□

推论 5.2　　若 X_n 为大小为 n 的随机二叉搜索树中的叶点数目, 则当 $n \to \infty$ 时, 有

$$
\frac{X_n}{n+1} \xrightarrow{\mathcal{P}} \frac{1}{3}.
$$

证明　　由 Chebyshev 不等式, 对任意 $\varepsilon > 0$,

$$
\begin{aligned}
\mathbf{P}\left(\left|\frac{X_n}{n+1} - \frac{1}{3}\right| > \varepsilon\right) &= \mathbf{P}\left(\left|\frac{X_n - (n+1)/3}{n+1}\right| > \varepsilon\right) \\
&= \mathbf{P}\left(\left|\frac{X_n - \mathbf{E}[X_n]}{n+1}\right| > \varepsilon\right) \\
&\leqslant \frac{\mathbf{Var}[X_n]}{\varepsilon^2(n+1)^2}
\end{aligned}
$$

$$= \frac{1}{18(n+1)\varepsilon^2}.$$

令 $n \to \infty$, 则有

$$\lim_{n\to\infty} \mathbf{P}\left(\left|\frac{X_n}{n+1} - \frac{1}{3}\right| > \varepsilon\right) \leqslant 0.$$

由于上式中左边的概率为非负, 所以, 它的极限必为 0. 此即表明 $X_n/(n+1)$ 依概率收敛到 $1/3$. □

5.3　极 限 分 布

在本节中, 我们将采用压缩法证明本章的主要结论, 即关于 X_n 的渐近正态性.

压缩法最初是由 Rösler(1991) 分析 "Quicksort" 算法时引入的. 后来, Rachev 和 Rüschendorf(1995) 对这种方法作了一些推广, 并正式提出 "压缩法" 的概念. Rösler(2001), Neininger(2001), Neininger 和 Ruschendorf(2004) 对压缩法作了更广泛的推广, 并引入了多维的情形. Neininger(2002) 最先将压缩法应用到均匀递归树和随机二叉搜索树上. 后来它就被广泛地用来证明随机树中一些随机变量的极限分布.

压缩法在处理具有如下特定形式的递归关系的随机变量的极限分布时, 十分有效.

记 N 为自然数集, 设存在某个正整数 n_0, 当 $n \geqslant n_0$ 时, 随机变量序列 $\{Q_n\}_{n\geqslant 1}$, 有如下递归分布式:

$$Q_n \overset{\mathcal{D}}{=} \sum_{i\in\mathbb{N}} K_{n,i} Q_{I_{n,i}}^{(i)} + B_n, \tag{5.5}$$

其中, 随机变量 $I_{n,i}$ 只取值于集合 $0, 1, 2, \cdots, n-1$, $Q_j^{(i)}$ 只取值于自然数集 N; 且对任意 $n \in \mathbb{N}$ 和 $0 \leqslant j \leqslant n-1$, 随机变量 (B_n, I_n, K_n), $Q_j^{(i)}$ 相互独立,

$$I_n = (I_{n,1}, I_{n,2}, \cdots),$$
$$K_n = (K_{n,1}, K_{n,2}, \cdots);$$

对任意 j 和 i, $Q_j^{(i)}$ 是 Q_j 的独立复制; 并令初始条件为 $Q_0 \equiv 0$.

压缩法在求解满足上述条件的 Q_n 的极限分布的时候, 一般分为如下四个步骤.

第一步, 求 Q_n 的期望. 记 Q_n 的期望为 $q_n := \mathbf{E}Q_n$, $d_n := \mathbf{E}B_n$, 则由 (5.5) 式,

$$q_n = \sum_{i \in \mathbb{N}} \mathbf{E}[K_{n,i}]q_{I_{n,i}} + d_n.$$

一般地, 该式可以整理为

$$q_n = \sum_{j=0}^{n-1} f_n(j)\mathbf{E}[K_{n,i}]q_j + d_n,$$

其中, $f_n(j)$ 为常数. 通常我们由此关于 q_n 的递归式, 可以解得 q_n 或者采用一些技巧至少求得它的渐近式.

第二步, 正则化. 将 Q_n 进行适当的正则化使得正则化之后得到的 Y_n 收敛到极限 W,

$$Y_n := \frac{Q_n - q_n}{g_n},$$

其中, 正则化参数 $g_n > 0$. g_n 一般取为与 $\sqrt{\mathbf{Var}Q_n}$ 同阶, 如不清楚 $\sqrt{\mathbf{Var}Q_n}$ 的阶, 则要进行猜测和反复尝试. 将 Q_n 进行正则化之后, 我们有

$$Y_n \overset{\mathcal{D}}{=} \sum_{i \in \mathbb{N}} K_{n,i}\frac{g_{In,i}}{g_n}Y_{I_{n,i}}^{(i)} + \sum_{i \in \mathbb{N}} \frac{K_{n,i}q_{I_{n,i}} - \mathbf{E}K_{n,i}q_{I_{n,i}}}{g_n} + B_n - \mathbf{E}B_n,$$

若记

$$K_{n,i}^* = K_{n,i}\frac{g_{In,i}}{g_n},$$

$$B_n^* = \sum_{i \in \mathbb{N}} \frac{K_{n,i}q_{I_{n,i}} - \mathbf{E}K_{n,i}q_{I_{n,i}}}{g_n} + B_n - \mathbf{E}B_n,$$

则有正则化后关于 Y_n 的递归关系式

$$Y_n \overset{\mathcal{D}}{=} \sum_{i \in \mathbb{N}} K_{n,i}^* Y_{I_{n,i}}^{(i)} + B_n^*, \tag{5.6}$$

其中, $Y_j^{(i)}$ 是 Y_j 的独立复制.

第三步, 猜测 Y_n 的极限分布. 即由 Y_n 的递归式, 猜测 Y_n 的极限分布 W 或者 W 所满足的关系式. 若 $I_{n,i}$ 趋于无穷, 同时还有 $(K_{n,i}^*, B_n^*)$ 依分布收敛到 (K, B), 则可以得到关于 W 的一个递归关系式.

$$Y_n \overset{\mathcal{D}}{=} \sum_{i \in \mathbb{N}} K_{n,i}^* Y_{I_{n,i}}^{(i)} + B_n^*,$$

$$\downarrow \qquad\qquad \downarrow \quad \downarrow \qquad \downarrow$$

$$W \overset{\mathcal{D}}{=} \sum_{i \in \mathbb{N}} K_i \ W_i \ + \ B, \tag{5.7}$$

其中, 对任意 $i \in \mathbb{N}$, (K, B) 与 W_i 相互独立, W_i 是 W 的独立复制.

第四步, 压缩映射. 简而言之, 就是选取一个理想的概率距离, 运用压缩映射证明: 在该概率距离下 Y_n 收敛到 W. 我们在这一步中要做的是, 选取一个合适的概率距离, 证明 (5.6) 式的右边和 (5.7) 式的右边在该理想概率距离下收敛到 0 即可.

如前, 我们已经得到了 X_n 的递归式, 也得到了它的期望方差, 所以, 对于 X_n 的正则化也不是问题, 于是, 为证 X_n 的渐近正态性, 我们就要选用一种理想的概率距离.

参数为 s 的 Zolotarev 距离 ζ_s 就是一个理想距离, 它不仅具有理想距离的正则性和齐次性, 而且, 它还拥有第 2 章所介绍的诸多优良性质, 这将大大有助于压缩法最后一步的实施, 并最终得到我们想要的结论.

我们选用 3 阶 (即: $m = 2, \alpha = 1, s = 3$) Zolotarev 距离 ζ_3. 首先, 用 X_n 的期望和方差将 (5.1) 式正则化, 就有

$$\begin{aligned}
\frac{X_n - \mathbf{E}[X_n]}{\sqrt{\mathbf{Var}[X_n]}} &= \frac{X_n - (n+1)/3}{\sqrt{(n+1)/18}} \\
&\overset{\mathcal{D}}{=} \frac{X_{U_n} - (U_n+1)/3}{\sqrt{(U_n+1)/18}} \sqrt{\frac{U_n+1}{n+1}} \\
&\quad + \frac{X_{n-1-U_n}^* - (n-U_n)/3}{\sqrt{(n-U_n)/18}} \sqrt{\frac{n-U_n}{n+1}}.
\end{aligned}$$

若记

$$\widehat{X}_n := \frac{X_n - (n+1)/3}{\sqrt{(n+1)/18}},$$

$$\widehat{X}_n^* := \frac{X_n^* - (n+1)/3}{\sqrt{(n+1)/18}},$$

那么, 上式可以改写成

$$\widehat{X}_n \overset{\mathcal{D}}{=} \widehat{X}_{U_n} \sqrt{\frac{U_n+1}{n+1}} + \widehat{X}_{n-1-U_n}^* \sqrt{\frac{n-U_n}{n+1}}. \tag{5.8}$$

为了证明 X_n 的渐近正态性, 我们还需要下面的两个引理.

引理 5.1 设 Z 是一个标准正态随机变量, Z_1 和 Z_2 是 Z 的两个相互独立的独立复制, 则

$$Z \overset{\mathcal{D}}{=} Z_1 \sqrt{\frac{U_n+1}{n+1}} + Z_2 \sqrt{\frac{n-U_n}{n+1}}, \tag{5.9}$$

其中, U_n 服从 $\{0, 1, \cdots, n-1\}$ 上的均匀分布, 而且 U_n 与 Z, Z_1, Z_2 相互独立.

证明 事实上, 我们只需验证 (5.9) 式两边具有相同的特征函数即可, 由随机变量 Z, Z_1, Z_2, U_n 的相互独立性, 我们有

$$\mathbf{E}\left[\exp\left\{\mathrm{i}t\left(Z_1\sqrt{\frac{U_n+1}{n+1}} + Z_2\sqrt{\frac{n-U_n}{n+1}}\right)\right\}\right]$$

$$= \mathbf{E}\left[\exp\left\{\mathrm{i}tZ_1\sqrt{\frac{U_n+1}{n+1}} + \mathrm{i}tZ_2\sqrt{\frac{n-U_n}{n+1}}\right\}\right]$$

$$= \frac{1}{n}\sum_{k=0}^{n-1}\mathbf{E}\left[\exp\left\{\mathrm{i}tZ_1\sqrt{\frac{k+1}{n+1}} + \mathrm{i}tZ_2\sqrt{\frac{n-k}{n+1}}\right\}\right]$$

$$= \frac{1}{n}\sum_{k=0}^{n-1}\mathbf{E}\left[\exp\left\{\mathrm{i}\left(t\sqrt{\frac{k+1}{n+1}}\right)Z_1\right\}\right]\mathbf{E}\left[\exp\left\{\mathrm{i}\left(t\sqrt{\frac{n-k}{n+1}}\right)Z_2\right\}\right]$$

$$= \frac{1}{n}\sum_{k=0}^{n-1}\exp\left\{-\frac{k+1}{2(n+1)}t^2\right\}\exp\left\{-\frac{n-k}{2(n+1)}t^2\right\}$$

$$= \frac{1}{n}\sum_{k=0}^{n-1}\exp\left\{-\frac{t^2}{2}\right\}$$

$$= \exp\left\{-\frac{t^2}{2}\right\}.$$

这恰恰是标准正态随机变量的特征函数. 由此, 本命题成立. □

引理 5.2 设实数序列 $\{a_n, n \in \mathbb{N}\}$ 满足不等式

$$0 \leqslant a_n \leqslant \frac{2}{n}\sum_{k=0}^{n-1}\left(\frac{k+1}{n+1}\right)^{\frac{3}{2}} a_k,$$

则当 $n \to \infty$ 时, a_n 的极限为 0.

证明 由归纳法可证数列 $\{a_n, n \in \mathbb{N}\}$ 有界, 所以 $\{a_n\}$ 的上极限有限. 记

$$0 \leqslant a := \limsup_{n \to \infty} a_n < \infty.$$

从而对任意 $\varepsilon > 0$, 存在一个充分大的正整数 n_0, 使得: 当 $n > n_0$ 时, $a_n < a + \varepsilon$. 于是, 当 $n > n_0$ 时, 我们有

$$
\begin{aligned}
a_n &\leqslant \frac{2}{n} \sum_{k=0}^{n-1} \left(\frac{k+1}{n+1}\right)^{\frac{3}{2}} a_k \\
&= \frac{2}{n} \sum_{k=0}^{n_0} \left(\frac{k+1}{n+1}\right)^{\frac{3}{2}} a_k + \frac{2}{n} \sum_{k=n_0+1}^{n-1} \left(\frac{k+1}{n+1}\right)^{\frac{3}{2}} a_k \\
&\leqslant \frac{2}{n} \sum_{k=0}^{n_0} \left(\frac{k+1}{n+1}\right)^{\frac{3}{2}} a_k + \frac{2}{n} \sum_{k=n_0+1}^{n-1} \left(\frac{k+1}{n+1}\right)^{\frac{3}{2}} (a+\varepsilon) \\
&\leqslant \frac{2(n_0+1)}{n} \max_{0 \leqslant k \leqslant n_0} \{a_k\} + (a+\varepsilon) \frac{2}{n} \sum_{k=0}^{n-1} \left(\frac{k+1}{n+1}\right)^{\frac{3}{2}}.
\end{aligned}
$$

显然, 对任意固定的正整数 $n_0 \geqslant 0$,

$$
\lim_{n \to \infty} \left(\frac{2(n_0+1)}{n} \max_{0 \leqslant k \leqslant n_0} \{a_k\} \right) = 0.
$$

所以, 如果令 $n \to \infty$, 就有

$$
\begin{aligned}
a &\leqslant 2(a+\varepsilon) \frac{1}{n} \sum_{k=0}^{\infty} \left(\frac{k+1}{n+1}\right)^{\frac{3}{2}} \\
&= 2(a+\varepsilon) \int_0^1 t^{\frac{3}{2}} dt \\
&= \frac{4}{5}(a+\varepsilon).
\end{aligned}
$$

由 ε 的任意性知 $a = 0$, 即

$$
\lim_{n \to \infty} a_n = 0. \qquad \square
$$

现在, 我们来证明本节最重要的结论.

定理 5.7　若 X_n 为大小为 n 的随机二叉搜索树中的叶点数目. 则当 $n \to \infty$ 时, 有

$$
\widehat{X}_n = \frac{X_n - (n+1)/3}{\sqrt{(n+1)/18}} \xrightarrow{\mathcal{D}} \mathcal{N}(0,1).
$$

证明　我们只需要证明: 当 $n \to \infty$ 时, 随机变量 $\widehat{X}_n = \dfrac{X_n - (n+1)/3}{\sqrt{(n+1)/18}}$ 和 Z 之间的 Zolotarev 距离 ζ_3 趋于 0 即可. 记

$$
\zeta_3(\widehat{X}_n, Z) := \zeta_3\left(\mathcal{L}(\widehat{X}_n), \mathcal{N}(0,1) \right).
$$

首先来证明 $\zeta_3(S_n, W)$ 是有限的. 由定理 2.7 知

$$\zeta_3(V_1, V_2) \leqslant \frac{1}{6} \int_{\mathcal{R}} |t|^3 d \left| P(V_1 < t) - P(V_2 < t) \right|, \tag{5.10}$$

由递归关系式 (5.1), 可以算得 X_n 的四阶中心矩的极限, 即: 当 $n \to \infty$ 时,

$$\mathbf{E}[\widehat{X}_n^4] = \mathbf{E}\left[\left(\frac{X_n - (n+1)/3}{\sqrt{(n+1)/18}} \right)^4 \right] \to 3,$$

于是, 立即有 $\sup_n |\widehat{X}_n|^3 < \infty$. 再由 (5.10) 式, 必存在常数 $C > 0$, 使得

$$\sup_n \zeta_3(\widehat{X}_n, Z) \leqslant C \left(\sup_n \mathbf{E}|\widehat{X}_n|^3 + \mathbf{E}|Z|^3 \right) < \infty.$$

$$\begin{aligned}
\zeta_3(\widehat{X}_n, Z) &= \zeta_3 \left(\widehat{X}_{U_n} \sqrt{\frac{U_n+1}{n+1}} + \widehat{X}^*_{n-1-U_n} \sqrt{\frac{n-U_n}{n+1}}, \ Z_1 \sqrt{\frac{U_n+1}{n+1}} + Z_2 \sqrt{\frac{n-U_n}{n+1}} \right) \\
&\leqslant \frac{1}{n} \sum_{k=0}^{n-1} \zeta_3 \left(\widehat{X}_k \sqrt{\frac{k+1}{n+1}} + \widehat{X}^*_{n-1-k} \sqrt{\frac{n-k}{n+1}}, \ Z_1 \sqrt{\frac{k+1}{n+1}} + Z_2 \sqrt{\frac{n-k}{n+1}} \right) \\
&\leqslant \frac{1}{n} \sum_{k=0}^{n-1} \left[\zeta_3 \left(\widehat{X}_k \sqrt{\frac{k+1}{n+1}}, \ Z_1 \sqrt{\frac{k+1}{n+1}} \right) \right. \\
&\qquad\qquad \left. + \zeta_3 \left(\widehat{X}^*_{n-1-k} \sqrt{\frac{n-k}{n+1}}, \ Z_2 \sqrt{\frac{n-k}{n+1}} \right) \right] \\
&= \frac{1}{n} \sum_{k=0}^{n-1} \left[\left(\frac{k+1}{n+1} \right)^{\frac{3}{2}} \zeta_3 \left(\widehat{X}_k, Z_1 \right) + \left(\frac{n-k}{n+1} \right)^{\frac{3}{2}} \zeta_3 \left(\widehat{X}^*_{n-1-k}, Z_2 \right) \right] \\
&= \frac{2}{n} \sum_{k=0}^{n-1} \left(\frac{k+1}{n+1} \right)^{\frac{3}{2}} \zeta_3 \left(\widehat{X}_k, Z \right).
\end{aligned}$$

令 $a_k := \zeta_3 \left(\widehat{X}_k, Z \right)$, 并结合引理 5.2, 即知

$$\lim_{n \to \infty} \zeta_3(\widehat{X}_n, Z) = 0.$$

由定理 2.11, 本命题成立. $\qquad\qquad\qquad\qquad\qquad\qquad\qquad\qquad\qquad\qquad\qquad$ □

对于 $X_n^{(1)}$ 和 $X_n^{(2)}$ 的讨论, 也可以按照上述的方法如法炮制, 值得庆幸的是, 我们发现 X_n 和 $X_n^{(2)}$ 之间有直接的线性关系, 于是, 基于 X_n 的相应结论, 我们可以自然地得到 $X_n^{(1)}$ 和 $X_n^{(2)}$ 的结果.

定理 5.8　若分别以 X_n 和 $X_n^{(2)}$ 记大小为 n 的随机二叉搜索树中含有 0 和 2 个子点的顶点数目, 则有

$$X_n = X_n^{(2)} + 1. \tag{5.11}$$

证明　我们用数学归纳法对 n 进行归纳. 当 $n = 2$ 时, 显然 $X_2 = 1$, $Z_2 = 0$, 满足 (5.11) 式. 假设 (5.11) 式对任意的 $k \leqslant n - 1$ 成立. 记 $\mathcal{T}_n$ 为大小为 n 的随机二叉搜索树, n_L 和 n_R 分别表示 $\mathcal{T}_n$ 的左右子树的大小. 当 $n > 2$ 时, 显然 $\mathcal{T}_n$ 至少含有一个子树, 所以, $\mathcal{T}_n$ 的根点必有子点. 于是, 我们可以分下面两种情形进行讨论.

情形 1: $\mathcal{T}_n$ 只含有一个子树 (左子树或者右子树), 不妨假设就是左子树. 在这种情况下, 显然 $n_L = n - 1$, 且

$$X_n = X_{n_L} = X_{n-1};$$
$$X_n^{(2)} = X_{n_L}^{(2)} = X_{n-1}^{(2)}.$$

于是, 由归纳假设, 本命题成立.

情形 2: $\mathcal{T}_n$ 的左子树和右子树同时存在. 在这种情况下, 显然 T_n 根点是含有 2 个子点的顶点, 所以, $X_n^{(2)} = X_{n_L}^{(2)} + X_{n_R}^{(2)} + 1$. 又因为 $n_L \leqslant n - 1$, $n_R \leqslant n - 1$, 于是, 由归纳假设,

$$\begin{aligned} X_n &= X_{n_L} + X_{n_R} \\ &= X_{n_L}^{(2)} + 1 + X_{n_R}^{(2)} + 1 \\ &= X_n^{(2)} + 1. \end{aligned} \qquad \square$$

定理 5.9　若 $X_n^{(2)}$ 为大小为 n 的随机二叉搜索树中含有 2 个子点的顶点数目, 则有

$$X_0^{(2)} = X_1^{(2)} = X_2^{(2)} = 0;$$
$$\mathbf{E}[X_n^{(2)}] = \frac{n-2}{3}, \quad n \geqslant 2;$$
$$\mathbf{Var}[X_n^{(2)}] = \frac{n+1}{18}, \quad n \geqslant 3;$$
$$\frac{X_n^{(2)} - \mathbf{E}[X_n^{(2)}]}{\sqrt{\mathbf{Var}[X_n^{(2)}]}} \xrightarrow{\mathcal{D}} \mathcal{N}(0,1), \quad n \to \infty.$$

证明　由定理 5.5—定理 5.8 的结论, 本命题显然.　　　　　　　　　　　　　　$\square$

由随机变量 $X_n^{(2)}$ 的期望和方差的表达式, 我们可以得到如下两个推论.

推论 5.3 若 $X_n^{(2)}$ 为大小为 n 的随机二叉搜索树中含有 2 个子点的顶点数目, 则当 $n > 2$ 时, 有

$$\mathbf{E}\left[\left(X_n^{(2)}\right)^2\right] = \frac{2n^2 - 7n + 9}{18}.$$

证明 由定理 5.9 可知, 当 $n > 2$ 时,

$$\begin{aligned}
\mathbf{E}\left[\left(X_n^{(2)}\right)^2\right] &= \mathbf{Var}[X_n^{(2)}] + \left(\mathbf{E}[X_n^{(2)}]\right)^2 \\
&= \frac{n+1}{18} + \left(\frac{n-2}{3}\right)^2 \\
&= \frac{2n^2 - 7n + 9}{18}.
\end{aligned}$$ $\square$

推论 5.4 若 $X_n^{(2)}$ 为大小为 n 的随机二叉搜索树中含有 2 个子点的顶点数目, 则当 $n \to \infty$ 时, 有

$$\frac{X_n^{(2)}}{n-2} \xrightarrow{\mathcal{P}} \frac{1}{3}.$$

证明 证明方法与推论 5.2 类似, 故略之. $\square$

定理 5.10 若 $X_n^{(1)}$ 为大小为 n 的随机二叉搜索树中只含有 1 个子点的顶点数目, 则有

$$X_0^{(1)} = X_1^{(1)} = 0; \quad X_2^{(1)} = 1;$$

$$\mathbf{E}[X_n^{(1)}] = \frac{n+1}{3}, \quad n \geqslant 2;$$

$$\mathbf{Var}[X_n^{(1)}] = \frac{2}{9}(n+1), \quad n \geqslant 3;$$

$$\frac{X_n^{(1)} - \mathbf{E}[X_n^{(1)}]}{\sqrt{\mathbf{Var}[X_n^{(1)}]}} \xrightarrow{\mathcal{D}} \mathcal{N}(0,1), \quad n \to \infty.$$

证明 由随机二叉搜索树的定义, 当 $n = 1, 2$ 时, 命题显然成立. 在大小为 n 的随机二叉搜索树中, 最多只有三类顶点, 即: 含有 0 个、1 个和 2 个子点的顶点. 所以, 自然就有 $X_n + X_n^{(1)} + X_n^{(2)} = n$. 结合定理 5.8 中的结论 $X_n = X_n^{(2)} + 1$ 知 $X_n^{(1)} = n + 1 - 2X_n$, 再由定理 5.5—定理 5.7 中关于 X_n 的结论, 即得

$$\mathbf{E}[X_n^{(1)}] = n + 1 - 2\mathbf{E}[X_n] = \frac{n+1}{3}, \quad n \geqslant 2;$$

$$\mathbf{Var}[X_n^{(1)}] = 4\mathbf{Var}[X_n] = \frac{2}{9}(n+1), \quad n \geqslant 3;$$

$$\frac{X_n^{(1)} - \mathbf{E}[X_n^{(1)}]}{\sqrt{\mathbf{Var}[X_n^{(1)}]}} = \frac{(n+1-2X_n) - (n+1-2\mathbf{E}[X_n])}{\sqrt{4\mathbf{Var}[X_n]}}$$

$$= -\frac{X_n - \mathbf{E}[X_n]}{\sqrt{\mathbf{Var}[X_n]}}$$

$$\xrightarrow{\mathcal{D}} \mathcal{N}(0,1), \quad n \to \infty. \qquad \square$$

由定理 5.10 中随机变量 $X_n^{(1)}$ 的期望和方差的表达式, 我们可以得到如下两个推论.

推论 5.5　若 $X_n^{(1)}$ 为大小为 n 的随机二叉搜索树中只含有 1 个子点的顶点数目, 则当 $n > 2$ 时, 有

$$\mathbf{E}\left[\left(X_n^{(1)}\right)^2\right] = \frac{(n+1)(n+3)}{9}.$$

证明　由定理 5.10 中 $X_n^{(1)}$ 的期望和方差的表达式, 当 $n > 2$ 时, 我们有

$$\mathbf{E}\left[\left(X_n^{(1)}\right)^2\right] = \mathbf{Var} X_n^{(1)} + \left(\mathbf{E}[X_n^{(1)}]\right)^2 = \frac{(n+1)(n+3)}{9}. \qquad \square$$

推论 5.6　若 $X_n^{(1)}$ 为大小为 n 的随机二叉搜索树中只含有 1 个子点的顶点数目, 则当 $n \to \infty$ 时, 有

$$\frac{X_n^{(1)}}{n+1} \xrightarrow{\mathcal{P}} \frac{1}{3}.$$

证明　证明方法与推论 5.2 类似, 故略之. $\qquad \square$

第 6 章　随机搜索树的子树大小

随机二叉搜索树 (random binary search trees) 的概念来自于计算机科学, 是由不同实数形成的有序集合的数据结构的一种构造形式. 可以这样来描述随机二叉搜索树: 设有集合 $\{1, \cdots, n\}$. 首先从中任取一数, 将其对应为根点. 把其余各数逐一与根点比较, 凡小于根点的数皆归于左子树, 大于根点的数则归于右子树. 然后再在每个子树中分别任取一数作为子树的根点, 再经过比较, 将每个子树分为左子树和右子树, 再在每个子树中分别任取一数作为子树的根点. 如此一直下去, 直到所有的数均被对应为树上的顶点为止. 进一步的介绍可以参阅 (Knuth, 1998).

例如, 当 $n = 3$ 时, 一共可以得到如图 6.1 所示的 5 种不同的二叉搜索树 (以最上面的点为根点): 其中以 2 为根点的树的出现概率为 $\frac{1}{3}$, 这是因为一旦选定 2 为根点, 树的形状就已经完全确定; 而其余 4 个分别以 1 或 3 作为根点的二叉搜索树的出现概率都是 $\frac{1}{6}$, 因为此时除了根点之外的两个点都同时归于右子树或左子树, 从而还要为子树再选定根点. 如此一来, 各种不同形状的二叉搜索树的出现概率便不相同了.

图 6.1　所有大小为 3 的二叉搜索树

为了克服这个困难, 我们用 $1, 2, \cdots, n$ 的排列来刻画二叉搜索树, 其含义为: 设 $a_1, a_2, \cdots, a_n$ 是 $1, 2, \cdots, n$ 的一个排列. 第 1 步, 我们以 a_1 作为二叉搜索树的根点; 第 2 步, 按照 "小左大右" 的原则将 a_2 对应为一个子树的根点, 即如果 $a_2 < a_1$, 就作为左子树的根点, 否则就作为右子树的根点; 第 3 步, 将 a_3 对应为一个子树的根点, 依然遵照 "小左大右" 的原则, 首先将它与 a_1 作比较, 以确定究竟放在左子树还是右子树, 如果它不与 a_2 同属一个子树, 那么就直接将它与 a_1 相连, 作为 a_1 的子点, 否则它就是 a_2 的子点, 而且还要视它比 a_2 小还是大, 以确定它究竟属于以 a_2 为根点的树的左子树还是右子树; 如此一直下去, 直到把所有顶

点都依次放到二叉树上面为止.

显然按照这一法则, $1, 2, \cdots, n$ 的每一个排列 $a_1, a_2, \cdots, a_n$ 都以**唯一地**确定一个二叉搜索树. 但是, 不同的排列却可能对应相同形状的二叉搜索树. 例如对于 $n = 3$, 排列 $2, 1, 3$ 和 $2, 3, 1$ 都对应图 6.1 中的第 3 个 (以 2 为根点的) 二叉搜索树. 但是如果把各种排列赋予相同的概率 $\dfrac{1}{n!}$, 而各种不同的二叉树的出现概率则与它所对应的排列的数目成正比, 即当一种形状的大小为 n 的二叉搜索树对应 $1, 2, \cdots, n$ 的 k 种不同排列时, 它的出现概率就是 $\dfrac{k}{n!}$. 可以证明, 这种赋概方式恰恰符合我们关于随机二叉搜索树的定义.

如果对各种不同形状的二叉搜索树赋予相同的出现概率, 例如当 $n = 3$ 时, 赋予图 6.1 中的 5 种形状的树的出现概率均为 $\dfrac{1}{5}$, 那么就是另外一种随机树模型, 称为均匀二叉搜索树 (uniform binary search trees) 或 Catalan 二叉搜索树, 具体介绍可参阅 (Mahmoud, 1995).

对于根树上任一点 v, 以 v 为根点的子树就是包含 v 及其所有后代所构成的部分. 本章将讨论不同大小的子树的数目和与给定某个二叉搜索树同构的子树的数目. 对于后者, Flajolet 等 (1997) 用母函数的方法已经考察过, 我们将用压缩法考察前者, 并且将这种方法直接应用于后者, 顺便得到它们的结论.

在大小为 n 的随机二叉搜索树上, 我们以 $S_{n,k}$ 表示大小为 k 的子树的个数. 特别地, 当 $k = 1$ 时, $S_{n,k}$ 就表示叶的数目. 容易知道

$$S_{n,k} \equiv 0, \quad n < k; \qquad S_{k,k} = 1.$$

此外, 我们记 L_n 和 $R_n = n - 1 - L_n$ 分别表示左子树和右子树 (即分别以根点的左子点和右子点为根点的子树) 的大小. 那么由随机二叉搜索树的定义可知 L_n 服从 $\{0, 1, \cdots, n - 1\}$ 上的等概分布. 当 $n > k$ 时, 我们有递归型的分布等式

$$S_{n,k} \overset{\mathcal{D}}{=} S_{L_n,k} + \tilde{S}_{R_n,k}, \tag{6.1}$$

其中 $\tilde{S}_{R_n,k} \overset{\mathcal{D}}{=} S_{R_n,k}$, 并且 $S_{L_n,k}$ 和 $\tilde{S}_{R_n,k}$ 是条件独立的. 在这里, 条件独立就是指尽管 $S_{L_n,k}$ 和 $\tilde{S}_{R_n,k}$ 是非独立的 (因为 $L_n + R_n = n - 1$), 但是给定 L_n(或者 R_n) 之后它们是独立的, 也就是说, 对所有的整数 $i, j \geqslant 0$, 随机变量 $S_{i,k}$ 和 $\tilde{S}_{j,k}$ 是相互独立的. 分布等式 (6.1) 将是我们讨论的基础.

对于随机搜索树子树的大小性质, 我们首先考虑子树个数的矩的期望、方差以及极限分布. 我们分析随机变量 $S_{n,k}$, 它记录大小为 n 的随机树中大小为 k 的子树的数量, k 可以是固定的或 $k = k(n)$ 取决于 n. 使用解析方法, 我们考虑三种情况下的 $S_{n,k}$: 临界情况、超临界情况以及次临界情况. 本章前半部分主要讨论随机搜索树上不同大小的子树和与给定某个树同构的子树. 利用递归分布等式, 我

们得出了它们各自数目的期望和方差并用压缩法得出了它们的中心极限定理. 之后我们在 6.3 节讨论子树多样性的问题, 首先给出其偏微分方程, 然后讨论精确矩的计算, 接着我们展示了如何计算临界、次临界和超临界情况下的极限分布. 我们在该节结束时对分析方法的选择进行了一些评论.

6.1 子树大小的矩与极限分布

1. 子树大小的矩

利用关系式 (6.1), 可以直接计算 $S_{n,k}$ 的任意阶矩, 但是高阶矩的计算非常繁琐, 我们这一节先计算它的期望和方差.

定理 6.1 在大小为 n 的随机二叉搜索树上, 当 $n > k$ 时, 我们有

$$\mathbf{E}[S_{n,k}] = \frac{2(n+1)}{(k+1)(k+2)}.$$

证明 在 (6.1) 式两边取期望且由对称性 $L_n \overset{\mathcal{D}}{=} R_n$, 我们有

$$\mathbf{E}[S_{n,k}] = \mathbf{E}[S_{L_n,k}] + \mathbf{E}[\tilde{S}_{R_n,k}] = \frac{1}{n}\sum_{j=0}^{n-1}\mathbf{E}[S_{j,k}].$$

利用上式, 我们作差 $\mathbf{E}[S_{n,k}] - \mathbf{E}[S_{n-1,k}]$, 可得 (注意上式对 $n > k$ 成立, 作差时我们必须假定 $n - 1 > k$)

$$\begin{aligned}
\mathbf{E}[S_{n,k}] &= \frac{n+1}{n}\mathbf{E}[S_{n-1,k}]\\
&= \frac{n+1}{n} \times \frac{n}{n-1}\mathbf{E}[S_{n-2,k}]\\
&= \cdots\\
&= \frac{n+1}{k+2}\mathbf{E}[S_{k+1,k}].
\end{aligned}$$

显然 $S_{k+1,k}$ 只能等于 0 或 1, 并且当 $S_{k+1,k} = 1$ 时, 左子树 L_n 只能等于 0 或者 $n-1$, 也就是说, $S_{k+1,k}$ 是一个参数为 $\dfrac{2}{k+1}$ 的 Bernoulli 随机变量. 由此可得本命题成立. □

在计算 $S_{n,k}$ 的方差时, 我们先给出一个引理.

引理 6.1 随机变量 $S_{2k+1,k}$ 的分布是

$$\mathbf{P}(S_{2k+1,k} = 0) = \frac{k(k-2)}{(k+2)(2k+1)},$$

$$\mathbf{P}(S_{2k+1,k} = 1) = \frac{6k}{(k+2)(2k+1)},$$

$$\mathbf{P}(S_{2k+1,k} = 2) = \frac{1}{2k+1}.$$

证明 显然随机变量 $S_{2k+1,k}$ 不能超过 2. 其中概率 $\mathbf{P}(S_{2k+1,k} = 2)$ 最容易得出, 因为当 $S_{2k+1,k} = 2$ 时, 一定有 $L_{2k+1} = R_{2k+1} = k$, 那么根点必为 $k+1$, 从而 $\mathbf{P}(S_{2k+1,k} = 2) = \dfrac{1}{2k+1}$. 由命题 6.1 知

$$\mathbf{E}[S_{n,k}] = 2\mathbf{P}(S_{2k+1,k} = 2) + \mathbf{P}(S_{2k+1,k} = 1) = \frac{4}{k+2},$$

从而

$$\mathbf{P}(S_{2k+1,k} = 1) = \frac{4}{k+2} - \frac{2}{2k+1} = \frac{6k}{(k+2)(2k+1)}.$$

最后

$$\begin{aligned}
\mathbf{P}(S_{2k+1,k} = 0) &= 1 - \mathbf{P}(S_{2k+1,k} = 1) - \mathbf{P}(S_{2k+1,k} = 2) \\
&= \frac{2k^2 - 2k}{(k+2)(2k+1)}.
\end{aligned}$$

$\square$

定理 6.2 在大小为 n 的随机二叉搜索树上, 当 $n > 2k$ 时,

$$\mathbf{Var}[S_{n,k}] = \frac{k(5k-2)(n+1)}{(k+1)(k+2)^2(2k+1)} := (n+1)\sigma_k^2.$$

证明 再次利用关系式 (6.1) 及 L_n 和 R_n 的对称性. 注意到对 $j < k$, 有 $S_{j,k} \equiv 0$, $S_{k,k} = 1$, 那么当 $n > 2k$ 时,

$$\begin{aligned}
&\mathbf{E}\left[S_{n,k} - \frac{2(n+1)}{(k+1)(k+2)}\right]^2 \\
&= \mathbf{E}\left[\left(S_{L_n,k} - \frac{2(L_n+1)}{(k+1)(k+2)}\right) + \left(\tilde{S}_{R_n,k} - \frac{2(R_n+1)}{(k+1)(k+2)}\right)\right]^2 \\
&= \frac{1}{n}\sum_{j=0}^{k-1}\mathbf{E}\left[\left(S_{n-1-j,k} - \frac{2(n-j)}{(k+1)(k+2)}\right) - \frac{2(j+1)}{(k+1)(k+2)}\right]^2 \\
&\quad + \frac{2}{n}\mathbf{E}\left[S_{k,k} - \frac{2(k+1)}{(k+1)(k+2)} + \left(\tilde{S}_{n-1-k,k} - \frac{2(n-k)}{(k+1)(k+2)}\right)\right]^2 \\
&\quad + \frac{2}{n}\sum_{j=k+1}^{n-k-2}\mathbf{E}\left[S_{j,k} - \frac{2(j+1)}{(k+1)(k+2)}\right]^2 \\
&\quad + \frac{1}{n}\sum_{j=n-k}^{n-1}\mathbf{E}\left[\left(S_{j,k} - \frac{2(j+1)}{(k+1)(k+2)}\right) - \frac{2(n-j)}{(k+1)(k+2)}\right]^2
\end{aligned}$$

$$= \frac{2}{n} \sum_{j=k+1}^{n-1} \mathbf{E} \left[S_{j,k} - \frac{2(j+1)}{(k+1)(k+2)} \right]^2 + \frac{2k^2}{(k+2)^2 n}$$

$$+ \frac{2}{n} \sum_{j=0}^{k-1} \left[\frac{2(j+1)}{(k+1)(k+2)} \right]^2.$$

由此, 即有

$$\mathbf{Var}[S_{n,k}] = \frac{n+1}{n} \mathbf{Var}[S_{n-1,k}] = \cdots = \frac{n+1}{2k+2} \mathbf{Var}[S_{2k+1,k}].$$

而由引理 6.1 知 $\mathbf{Var}[S_{2k+1,k}] = \dfrac{10k^2 - 4k}{(k+2)^2(2k+1)}$, 故有本命题成立. □

由 Chebyshev 不等式, 立得下面的推论.

推论 6.1 在大小为 n 的随机二叉搜索树上, 对任何 $k \in \mathcal{N}$, 当 $n \to \infty$ 时, 都有

$$\frac{S_{n,k}}{2(n+1)/[(k+1)(k+2)]} \xrightarrow{\mathcal{P}} 1.$$

2. 子树大小的极限分布

按照上面的递归方法, 理论上可以得出 $S_{n,k}$ 的任意阶矩, 从而可以用矩确定它的极限分布 (Chern et al., 2002). 但是这种计算非常复杂, 我们将用压缩法得到它的极限分布. 压缩法由 Rösler (1991) 在分析 "Quicksort" 算法时引入. 关于压缩法的经典文献可参阅 (Rachev and Rüschendorf, 1995; Rösler and Rüschendorf, 2001; Neininger, 2001; Neininger and Rüschendorf, 2004) 等.

将 (6.1) 式正则化, 就有

$$\frac{S_{n,k} - 2(n+1)/[(k+1)(k+2)]}{\sigma_k \sqrt{n+1}}$$

$$\overset{\mathcal{D}}{=} \frac{S_{L_n,k} - 2(L_n+1)/[(k+1)(k+2)]}{\sigma_k \sqrt{L_n+1}} \sqrt{\frac{L_n+1}{n+1}}$$

$$+ \frac{\tilde{S}_{R_n,k} - 2(R_n+1)/[(k+1)(k+2)]}{\sigma_k \sqrt{R_n+1}} \sqrt{\frac{R_n+1}{n+1}}.$$

记

$$S_{n,k}^* := \frac{S_{n,k} - 2(n+1)/[(k+1)(k+2)]}{\sigma_k \sqrt{n+1}},$$

那么上式变为

$$S_{n,k}^* \overset{\mathcal{D}}{=} S_{L_n,k}^* \sqrt{\frac{L_n+1}{n+1}} + \tilde{S}_{R_n,k}^* \sqrt{\frac{R_n+1}{n+1}}. \tag{6.2}$$

如果 $S_{n,k}^*$ 的分布弱收敛到某个随机变量 S^* 的分布, 那么 $S_{L_n,k}^*$ 和 $\tilde{S}_{R_n,k}^*$ 也分别依分布收敛到同一分布, 这是因为 L_n 和 R_n 都依概率趋向无穷. 容易知道

$$\sqrt{\frac{L_n+1}{n+1}} \xrightarrow{\mathcal{D}} \sqrt{U}, \quad \sqrt{\frac{R_n+1}{n+1}} \xrightarrow{\mathcal{D}} \sqrt{1-U},$$

其中随机变量 U 服从区间 $(0,1)$ 上的均匀分布. 从而, 只要 $S_{n,k}^*$ 的极限分布存在, 并且等于 S^* 的分布, 那么就有如下的分布等式成立:

$$S^* \overset{\mathcal{D}}{=} S^*\sqrt{U} + \tilde{S}^*\sqrt{1-U}, \tag{6.3}$$

其中 $\tilde{S}^* \overset{\mathcal{D}}{=} S^*$ 且 S^*, $\tilde{S}^*$, U 相互独立. 容易验证, 正态分布满足上式, 即正态分布是上述分布等式的不动点 (Rösler, 2001).

记 $\mathcal{L}(X)$ 表示随机变量 X 的分布函数. 为了证明 S^* 存在且服从标准正态分布, 我们需要引入一种概率分布的距离, 即三阶 Zolotarev 距离 ζ_3. 对任意给定的分布函数 $\mathcal{L}(X)$ 和 $\mathcal{L}(Y)$, 它们之间的 ζ_3 距离定义如下:

$$\zeta_3(\mathcal{L}(X),\mathcal{L}(Y))$$
$$= \sup\left\{\left|\mathbf{E}[f(X)] - \mathbf{E}[f(Y)]\right| : f \in \mathscr{C}^{(2)}, |f''(x) - f''(y)| \leqslant |x-y|\right\},$$

其中 $\mathscr{C}^{(2)}$ 表示所有二阶连续可微的实函数组成的集合.

因为 Zolotarev 距离仅依赖于分布函数, 我们也可以简记作 $\zeta_3(X,Y) := \zeta_3(\mathcal{L}(X),\mathcal{L}(Y))$. 它具有如下性质 (Zolotarev, 1976; Rachev, 1991):

(1) $\zeta_3(X,Y) < \infty$ 当且仅当 $\mathbf{E}[X] = \mathbf{E}[Y]$; $\mathbf{E}[X^2] = \mathbf{E}[Y^2]$; $\mathbf{E}[X^3], \mathbf{E}[Y^3] < \infty$.

(2) 对任意实数 $c \neq 0$, $\zeta_3(cX, cY) = |c|^3 \zeta_3(X,Y)$.

(3) 若随机变量 Z 与 (X,Y) 独立且 $\mathbf{E}[|Z|^3] < \infty$, 那么

$$\zeta_3(X+Z, Y+Z) \leqslant \zeta_3(X,Y).$$

(4) 对随机变量 $X, X_1, X_2, \cdots$, 若 $\lim\limits_{n\to\infty} \zeta_3(X_n, X) \to 0$, 则 $X_n \xrightarrow{\mathcal{D}} X$.

定理 6.3　在大小为 n 的随机二叉搜索树上, 对任何 $k \in \mathcal{N}$, 当 $n \to \infty$ 时, 都有

$$S_{n,k}^* = \frac{S_{n,k} - 2(n+1)/[(k+1)(k+2)]}{\sqrt{k(5k-2)(n+1)/[(k+1)(k+2)^2(2k+1)]}} \xrightarrow{\mathcal{D}} \mathcal{N}(0,1).$$

证明　设随机变量 Z 与 $S_{n,k}^*$ 独立且服从标准正态分布. 由本节求矩的方法不难得到 $\lim\limits_{n\to\infty} \mathbf{E}[S_{n,k}^*]^4 = 3$, 故 $\sup\limits_n \mathbf{E}[|S_{n,k}^*|^3] < \infty$. 由不等式 (Rachev and Rüschendorf, 1995)

$$\zeta_3(X,Y) \leqslant \frac{1}{6}\int_{\mathcal{R}} |t|^3 d\,|\mathbf{P}(X<t) - \mathbf{P}(Y<t)|$$

知存在一个常数 $C > 0$, 使得

$$\sup_n \zeta_3(S_{n,k}^*, Z) \leqslant C \left(\sup_n \mathbf{E}\left[|S_{n,k}^*|^3\right] + \mathbf{E}\left[|Z|^3\right] \right) < \infty. \tag{6.4}$$

定义随机变量

$$Z_n := Z\sqrt{\frac{L_n + 1}{n + 1}} + \tilde{Z}\sqrt{\frac{R_n + 1}{n + 1}},$$

这里 $\tilde{Z}$ 是 Z 的独立复制. 由于

$$
\begin{aligned}
\mathbf{E}\left[\exp\left\{\mathrm{i}tZ_n\right\}\right] &= \mathbf{E}\left[\exp\left\{\mathrm{i}tZ\sqrt{(L_n+1)/(n+1)} + \mathrm{i}t\tilde{Z}\sqrt{(R_n+1)/(n+1)}\right\}\right] \\
&= \frac{1}{n}\sum_{j=0}^{n-1}\mathbf{E}\left[\exp\left\{\mathrm{i}tZ\sqrt{(j+1)/(n+1)} + \mathrm{i}t\tilde{Z}\sqrt{(n-j)/(n+1)}\right\}\right] \\
&= \frac{1}{n}\sum_{j=0}^{n-1}\mathbf{E}\left[e^{\mathrm{i}\left(t\sqrt{(j+1)/(n+1)}\right)Z}\right]\mathbf{E}\left[e^{\mathrm{i}\left(t\sqrt{(n-j)(n+1)}\right)\tilde{Z}}\right] \\
&= \frac{1}{n}\sum_{j=0}^{n-1}e^{-\frac{t^2}{2}} = e^{-\frac{t^2}{2}},
\end{aligned}
$$

故 Z_n 也是服从标准正态分布的随机变量, 从而 $a_n := \zeta_3(S_{n,k}^*, Z_n) < \infty$. 如前所述, Zolotarev 距离 $\zeta_3(X, Y)$ 仅依赖于 (X, Y) 的边缘分布, 由 (6.4) 式知

$$0 \leqslant a := \limsup_n a_n < \infty.$$

我们只需证明 $a = 0$. 任意取定 $\varepsilon > 0$, 则存在一个充分大的数 n_0, 当 $n > n_0$ 时, $a_n \leqslant a + \varepsilon$. 而当 $n > n_0$ 时,

$$
\begin{aligned}
&\zeta_3(S_{n,k}^*, Z_n) \\
&\leqslant \frac{1}{n}\sum_{j=0}^{n-1}\zeta_3\left(S_{j,k}^*\sqrt{\frac{j+1}{n+1}} + \tilde{S}_{n-1-j,k}^*\sqrt{\frac{n-j}{n+1}}, \; Z\sqrt{\frac{j+1}{n+1}} + \tilde{Z}\sqrt{\frac{n-j}{n+1}}\right) \\
&\leqslant \frac{1}{n}\sum_{j=0}^{n-1}\left\{\zeta_3\left(S_{j,k}^*\sqrt{\frac{j+1}{n+1}}, \; Z\sqrt{\frac{j+1}{n+1}}\right) + \zeta_3\left(\tilde{S}_{n-1-j,k}^*\sqrt{\frac{n-j}{n+1}}, \; \tilde{Z}\sqrt{\frac{n-j}{n+1}}\right)\right\} \\
&\leqslant \frac{2}{n}\sum_{j=0}^{n_0-1}\sup_{n\leqslant n_0-1}a_n\left(\frac{j+1}{n+1}\right)^{\frac{3}{2}} + \frac{2}{n}\sum_{j=n_0}^{n-1}(a+\varepsilon)\left(\frac{j+1}{n+1}\right)^{\frac{3}{2}}.
\end{aligned}
$$

在上式两边令 $n \to \infty$, 即得

$$a \leqslant \frac{4}{5}(a + \varepsilon).$$

由 ε 的任意性知 $a = 0$. □

6.2　与给定树同构的子树数目

本节讨论随机二叉搜索树的子树式样 (pattern) 问题. 给定一个大小为 k 的无编号的二叉树 Γ(即顶点个数为 k 且每个顶点的子点个数至多为 2 的根树), 称之为式样, 记 $P_n := P(n, \Gamma)$ 表示大小为 n 的随机二叉搜索树上与 Γ 同构的子树数目. 此外, Chyzak 等 (2006), Feng 等 (2007) 分别在均匀无向编号树 (uniform unrooted labeled trees) 和均匀递归树 (uniform recursive trees 或 random recursive trees) 上考察了式样问题.

为了考察二叉随机树上的式样问题, 我们先引入一个函数 $\lambda(\Gamma)$. 设二叉树 Γ 的顶点集为 V. 任意给定顶点 $v \in V$, 记 $\tau(v)$, $|\tau(v)|$ 分别表示 Γ 上以 v 为根点的子树及其大小. 定义函数 $\lambda : \Gamma \to [0, 1]$ 如下:

$$\lambda(\Gamma) = \prod_{v \in V} \frac{1}{|\tau(v)|}.$$

这个函数称为二叉搜索树的体型函数 (shape function). 这是因为它满足如下引理 (证明过程见文献 (Sedgewick and Flajolet, 1996)).

引理 6.2　对任意给定的无编号的二叉树 Γ, 大小为 $|\Gamma|$ 的随机二叉搜索树与之同构的概率为 $\lambda(\Gamma)$.

给定一个无编号二叉树 Γ, 记 $\lambda = \lambda(\Gamma)$ 为一个常数. 如 (6.1) 式, 对 P_n, 类似地有

$$P_n \stackrel{\mathcal{D}}{=} P_{L_n} + \tilde{P}_{R_n}.$$

利用上式和 6.1 节中的方法, 我们可以算出 P_n 的期望和方差 (注意 P_n 和 $S_{n,k}$ 满足的关系式一样, 但是具有不同的初始值). 同样地, 利用它的期望和方差, 可以对 P_n 运用压缩法得到它的极限分布. 我们在这里省略其过程 (以下结果也可参阅文献 (Flajolet et al., 1997)).

定理 6.4　对于给定的无编号二叉树 Γ, 在大小为 $n > |\Gamma|$ 的随机二叉搜索树上, 有

$$\mathbf{E}[P_n] \sim \frac{2\lambda n}{(k+1)(k+2)},$$

$$\mathbf{Var}[P_n] \sim \left(\frac{2\lambda}{(k+1)(k+2)} - \frac{2\lambda^2(11k^2 + 22k + 6)}{(k+1)(k+2)^2(2k+1)(2k+3)} \right) \cdot n.$$

定理 6.5　对于给定的无编号二叉树 Γ, 在大小为 n 的随机二叉搜索树上, 当 $n \to \infty$ 时,

$$\frac{P_n - 2\lambda n / [(k+1)(k+2)]}{\sqrt{n}}$$

$$\xrightarrow{\mathcal{D}} \mathcal{N}\left(0, \frac{2\lambda}{(k+1)(k+2)} - \frac{2\lambda^2(11k^2 + 22k + 6)}{(k+1)(k+2)^2(2k+1)(2k+3)}\right).$$

6.3 子树大小的多样性

基于递归树的分析方法可以自然扩展到本节中讨论的二叉搜索树, 或许也可以扩展到其他树类, 这个问题我们留作未来研究. 对于二叉搜索树, 有以下结果.

定理 6.6 令 $S_{n,k}$ 为大小是 n 的二叉搜索树中大小为 k 的子树的数量.

(a) 在次临界的情况下, 当 $k/\sqrt{n} \to 0$ 时,

$$\frac{S_{n,k} - \dfrac{2n}{(k+1)(k+2)}}{\sqrt{\dfrac{2k(4k^2 + 5k - 3)n}{(k+1)(k+2)^2(2k+1)(2k+3)}}} \xrightarrow{\mathcal{D}} \mathcal{N}(0, 1).$$

(b) 在满足 $k = O(\sqrt{n})$ 时处于临界情况, 在临界情况下, 当 $k/\sqrt{n} \to c > 0$ 时,

$$S_{n,k} \xrightarrow{\mathcal{D}} \mathrm{Poi}\left(\frac{2}{c^2}\right),$$

并且如果 $k/\sqrt{n}$ 不能收敛到某个极限, $S_{n,k}$ 不存在极限分布.

(c) 在超临界的情况下, 当 $k/\sqrt{n} \to \infty$ 时,

$$S_{n,k} \xrightarrow{\mathcal{D}} 0.$$

我们注意到 $S_{n,k}$ 也可以被解释为大小为 n 的随机树中的节点数, 这些节点正好有 k 个后代 (如果我们假设一个节点本身被算作它自己的后代). 那么从这个角度来看, $S_{n,k}$ 的 "等价形式" 是水平多项式 $L_{n,k}$, 即记录大小为 n 的随机树中节点数量的随机变量, 这些节点恰好有 k 个上升节点. Fuchs 等 (2006) 针对递归树和二叉搜索树分析了 $L_{n,k}$ 的分布特征, 即大小为 n 的随机树中第 k 层的节点数.

二叉搜索树由集合 $\{1, 2, \cdots, n\}$ 的置换 $(\pi_1, \cdots, \pi_n)$ 通过以下算法构造而成: 置换的第一个元素插入一棵空树中, 为其分配一个根节点. 如果 $\pi_j < \pi_1$, 则后续元素 π_j ($j \geqslant 2$) 指向左子树, 否则指向右子树. 无论在哪个子树 π_j 中, 它都会递归地接受相同的插入算法, 直到它被插入到一个空子树中, 在这种情况下, 如果一个节点的等级小于至多等于路径上最后一个节点的值, 将被分配给它并作为左 (右) 子节点连接.

设 $S_{n,k}$ 是记录大小为 n 的随机二叉搜索树边缘上大小为 k 的子树数量的随机变量, 并设 $M_k(z, v)$ 为其生成函数

$$M_k(z, v) = \sum_{n \geqslant 1} \sum_{m \geqslant 0} \mathbf{P}\left(S_{n,k} = m\right) z^n v^m.$$

置换中的二元二分法 (相对于第一个元素) 保留了条件独立子树中的概率结构. 对于所有 $n > k \geqslant 1$, 概率 $\mathbf{P}\{X_{n,k} = m\}$ 满足以下递归:

$$\mathbf{P}(S_{n,k} = m) = \frac{1}{n} \sum_{\substack{n_1 + n_2 = n-1 \\ m_1 + m_2 = m \\ m_1, m_2 \geqslant 0, n_1, n_2 \geqslant 0}} \mathbf{P}(S_{n_1,k} = m_1)\, \mathbf{P}(S_{n_2,k} = m_2),$$

其中, 初始值为 $\mathbf{P}(S_{k,k} = 1) = 1$ 且 $\mathbf{P}(S_{n,k} = 0) = 1$, $1 \leqslant n < k$. 在与 $nz^{n-1}v^m$ 相乘并在 $n > k$ 和 $m \geqslant 0$ 上求和后, 我们得到生成函数的函数方程以及

$$\frac{\partial}{\partial z} M_k(z, v) = \left(1 + M_k(z, v)\right)^2 + (v-1)kz^{k-1},$$

在 $k \geqslant 1$, 初值 $M_k(0, v) = 0$ 的条件下成立.

将 $Q_k(z, v) := M_k(z, v) + 1$ 代入上述生成函数的偏导表达式, 我们获得 Riccati 微分方程

$$\frac{\partial}{\partial z} Q_k(z, v) = Q_k^2(z, v) + (v-1)kz^{k-1}, \qquad Q_k(0, v) = 1.$$

这个微分方程的解在文献 (Flajolet, 1997) 中已经被给出. 使用这种解法, 我们获得了生成函数的表达式:

$$
\begin{aligned}
&M_k(z, v) \\
&= -1 + \frac{1 + \sum_{j \geqslant 1} \delta_j(k)(v-1)^j z^{(k+1)j} - \sum_{j \geqslant 1} \gamma_j(k)(v-1)^j z^{(k+1)j-1}}{1 - z - \sum_{j \geqslant 1} \beta_j(k)(v-1)^j z^{(k+1)j+1} + \sum_{j \geqslant 1} \alpha_j(k)(v-1)^j z^{(k+1)j}},
\end{aligned} \tag{6.5}
$$

函数表达式为

$$\alpha_j(k) = \xi_{j,-1,0}(k), \qquad \beta_j(k) = \xi_{j,1,0}(k), \tag{6.6}$$

$$\gamma_j(k) = \xi_{j,-1,-1}(k), \qquad \delta_j(k) = \xi_{j,1,1}(k), \tag{6.7}$$

其中

$$\xi_{j,m,s}(k) = \frac{(-1)^j k^j ((k+1)j + [\![s = 1]\!])^s}{\prod_{i=1}^{j} [(ik+i)(ik+i+m)]}.$$

1. 二叉搜索树的阶乘矩

从解 (6.5) 中我们可以得到第 r 个阶乘矩, 这直接导致临界和超临界情况的极限分布.

为了获得第 r 个阶乘矩, 我们在 $M_k(z, v)$ 中使用代换 $w := v - 1$ 并以 w 的幂展开此函数. 直接计算得出以下表达式:

$$M_k(z, 1 + w) = -1 + \frac{1}{1-z} \left(1 + \sum_{j \geqslant 1} w^j \left(\delta_j(k) z^{(k+1)j} - \gamma_j(k) z^{(k+1)j-1} \right) \right)$$
$$\times \sum_{\ell \geqslant 0} \left(\frac{z}{1-z} \sum_{j \geqslant 1} w^j \left(\beta_j(k) z^{(k+1)j} - \alpha_j(k) z^{(k+1)j-1} \right) \right)^\ell.$$

在 $M_k(z, 1 + w)$ 中提取 w^r 的系数, 最后可以得到, 对于 $r \geqslant 1$:

$$[w^r] M_k(z, 1 + w)$$
$$= \frac{z^{(k+1)r}}{(1-z)^{r+1}} \left(\beta_1(k) z - \alpha_1(k) \right)^r$$
$$+ z^{(k+1)r} \sum_{\ell=1}^{r-1} \frac{1}{(1-z)^{\ell+1}} \sum_{\substack{j_1 + \cdots + j_\ell = r \\ j_i \geqslant 1, 1 \leqslant i \leqslant \ell}} \prod_{i=1}^{\ell} \left(\beta_{j_i}(k) z - \alpha_{j_i}(k) \right)$$
$$+ z^{(k+1)r-1} \sum_{j=1}^{r-1} \left(\delta_j(k) z - \gamma_j(k) \right) \sum_{\ell=1}^{r-j} \frac{1}{(1-z)^{\ell+1}}$$
$$\times \sum_{\substack{j_1 + \cdots + j_\ell = r-j \\ j_i \geqslant 1, 1 \leqslant i \leqslant \ell}} \prod_{i=1}^{\ell} \left(\beta_{j_i}(k) z - \alpha_{j_i}(k) \right) + \frac{z^{(k+1)r-1}}{1-z} \left(\delta_r(k) z - \gamma_r(k) \right).$$

使用

$$\left(\beta_1(k) z - \alpha_1(k) \right)^r = \left(\beta_1(k) - \alpha_1(k) \right)^r + \left(\beta_1(k) - \alpha_1(k) \right)^r$$
$$\times \sum_{m=1}^{r} \binom{r}{m} (-1)^m \left(\frac{\beta_1(k)}{\beta_1(k) - \alpha_1(k)} \right)^m (1-z)^m,$$

以及类似的展开, 和 $[z^n] \frac{1}{(1-z)^{\alpha+1}} = \binom{n+\alpha}{n}$, 我们可以在 $z = 1$ 周围展开上述表达式, 并得到 $S_{n,k}$ 的第 r 个阶乘矩, 这里 $n \geqslant (k+1)r$ 并且 $r \geqslant 1$:

$$\mathbf{E}\left(S_{n,k}^r \right)$$
$$= r! \, [z^n w^r] M_k(z, 1 + w)$$
$$= r! \binom{n-kr}{r} \left(\frac{2}{(k+1)(k+2)} \right)^r$$
$$+ r! \left(\frac{1}{(k+1)(k+2)} \right)^r \sum_{p=1}^{r} \binom{n-(k+1)r+p-1}{p-1} \binom{r}{p-1} \left(\frac{k}{2} \right)^{r+1-p}$$

$$
+\, r! \sum_{p=1}^{r} \binom{n-(k+1)r+p-1}{p-1} \sum_{\ell=\max(1,p-1)}^{r-1} (-1)^{\ell+1-p}
$$

$$
\times \sum_{\substack{j_1+\cdots+j_\ell=r \\ j_i\geqslant 1}} \prod_{i=1}^{\ell} \big(\beta_{j_i}(k)-\alpha_{j_i}(k)\big) \times \sum_{1\leqslant i_1<\cdots<i_{\ell+1-p}\leqslant \ell} \prod_{q=1}^{\ell+1-p} \left(\frac{\beta_{j_{i_q}}(k)}{\beta_{j_{i_q}}(k)-\alpha_{j_{i_q}}(k)}\right)
$$

$$
+\, r! \sum_{p=1}^{r} \binom{n-(k+1)r+p}{p-1} \sum_{j=1}^{\min\{r+1-p,\,r-1\}} \big(\delta_j(k)-\gamma_j(k)\big)
$$

$$
\times \sum_{\ell=\max(1,p-1)}^{r-j} (-1)^{\ell+1-p} \sum_{\substack{j_1+\cdots+j_\ell=r-j \\ j_i\geqslant 1}} \prod_{i=1}^{\ell} \big(\beta_{j_i}(k)-\alpha_{j_i}(k)\big)
$$

$$
\times \sum_{1\leqslant i_1<\cdots<i_{\ell+1-p}\leqslant \ell} \prod_{q=1}^{\ell+1-p} \left(\frac{\beta_{j_{i_q}}(k)}{\beta_{j_{i_q}}(k)-\alpha_{j_{i_q}}(k)}\right)
$$

$$
-\, r! \sum_{p=1}^{r-1} \binom{n-(k+1)r+p}{p-1} \sum_{j=1}^{\min\{r-p,\,r-1\}} \delta_j(k)
$$

$$
\times \sum_{\ell=\max(1,p)}^{r-j} (-1)^{\ell-p} \sum_{\substack{j_1+\cdots+j_\ell=r-j \\ j_i\geqslant 1}} \prod_{i=1}^{\ell} \big(\beta_{j_i}(k)-\alpha_{j_i}(k)\big)
$$

$$
\times \sum_{1\leqslant i_1<\cdots<i_{\ell-p}\leqslant \ell} \prod_{q=1}^{\ell-p} \left(\frac{\beta_{j_{i_q}}(k)}{\beta_{j_{i_q}}(k)-\alpha_{j_{i_q}}(k)}\right) + r!\big(\delta_r(k)-\gamma_r(k)\big). \tag{6.8}
$$

由此可以得出期望和方差的结果：

$$
\mathbf{E}(S_{n,k}) = \frac{2(n+1)}{(k+1)(k+2)}, \quad n\geqslant k+1, \tag{6.9}
$$

$$
\mathbf{Var}(S_{n,k}) = \frac{2k(4k^2+5k-3)(n+1)}{(k+1)(k+2)^2(2k+1)(2k+3)}, \quad n\geqslant 2(k+1).
$$

2. 临界情形

我们考虑临界情形并假设 $k := k_n$ 随着 n 增长，使得对于某些 $\lambda>0$, $\dfrac{n}{k^2}\to\lambda$.

找到极限分布需要对 (6.8) 中出现的函数进行一些估计. 利用由 (6.6)—(6.7) 给出的 $\alpha_j(k)$, $\beta_j(k)$, $\gamma_j(k)$ 和 $\delta_j(k)$ 的定义，以下估计值对所有 $k\geqslant 2$ 和 $j\geqslant 1$ 都成立，不难得出

$$
|\beta_j(k)-\alpha_j(k)| \leqslant \frac{2}{k^{j+1}}, \quad \left|\frac{\beta_j(k)}{\beta_j(k)-\alpha_j(k)}\right| \leqslant 4^j k, \tag{6.10}
$$

$$
|\delta_j(k)-\gamma_j(k)| \leqslant \frac{3}{k^j}, \quad |\delta_j(k)| \leqslant \frac{1}{k^{j-1}}. \tag{6.11}
$$

我们现在可以结合 (6.8) 的被加数来推导出 $X_{n,k}$ 的第 r 阶乘矩的渐近性质. 考虑到固定的 $r \geqslant 1$, 很容易地获得第一个被加数:

$$r! \binom{n-kr}{r} \left(\frac{2}{(k+1)(k+2)} \right)^r = \left(\frac{2n}{k^2} \right)^r \left(1 + O\left(\frac{1}{k} \right) + \left(\frac{k}{n} \right) \right)$$
$$= (2\lambda)^r \left(1 + O\left(\frac{1}{\sqrt{n}} \right) \right).$$

用 B 表示 (6.8) 的剩余被加数, 对固定的 $r \geqslant 1$, 它可以通过 (6.10) 和 (6.11) 来估计, 最终得到

$$|B| = O\left(\frac{1}{k} \right) = O\left(\frac{1}{\sqrt{n}} \right).$$

总结来看, 我们获得了所有 $r \geqslant 1$ 和序列 (n, k) 使得 $\frac{n}{k^2} \to \lambda$ 成立的渐近展开式:

$$\mathbf{E}\left(S_{n,k}^r \right) = (2\lambda)^r \left(1 + O\left(\frac{1}{\sqrt{n}} \right) \right).$$

这表明 $S_{n,k}$ 依分布收敛到参数为 2λ 的泊松随机变量. 因此, 我们证明了定理 6.6(b) 部分中断言的收敛性, 其中我们使用了代换 $c := \frac{1}{\sqrt{\lambda}}$, 因此 $\frac{k}{\sqrt{n}} \to c$. 当遇到 $k/\sqrt{n}$ 不收敛到极限的临界情况时, 所有阶乘 (和普通) 矩都会振荡, 并且 $X_{n,k}$ 不存在极限分布.

3. 超临界情形

再次使用估计 (6.10) 和 (6.11) 对于自然限制 $n > k$ 下的 $\frac{n}{k^2} = o(1)$, 可以证明 $\mathbf{E}(S_{n,k}) \to 0$. 因此, 有 $S_{n,k}$ 收敛到退化为 0 的分布.

4. 次临界情形

我们考虑中心化的随机变量 $\tilde{S}_{n,k} := S_{n,k} - \mathbf{E}(S_{n,k})$, 引入生成函数

$$\tilde{M}_k(z, s) := \sum_{n \geqslant 1} \mathbf{E}\left(e^{\tilde{S}_{n,k}s} \right) z^n = \sum_{n \geqslant 1} e^{-\mathbf{E}(S_{n,k})s} \mathbf{E}\left(e^{S_{n,k}s} \right) z^n.$$

由 (6.9) 给出的 $\mathbf{E}(S_{n,k})$ 的显式公式, 可以得到

$$\tilde{M}_k(z, s) = e^{-\frac{2s}{(k+1)(k+2)}} M_k\left(e^{-\frac{2s}{(k+1)(k+2)}} z, e^s \right) + (1 - e^{\frac{ks}{k+2}}) z^k$$
$$+ \sum_{1 \leqslant n < k} z^n - \sum_{1 \leqslant n < k} e^{-\frac{2(n+1)s}{(k+1)(k+2)}} z^n.$$

由 (6.5)—(6.7) 可以进一步导出

$$\tilde{M}_k(z, s) = \frac{e^{-\frac{2s}{(k+1)(k+2)}} U}{V} - e^{-\frac{2s}{(k+1)(k+2)}} + (1 - e^{\frac{ks}{k+2}}) z^k$$

$$+ \sum_{1 \leqslant n < k} z^n - \sum_{1 \leqslant n < k} e^{-\frac{2(n+1)s}{(k+1)(k+2)}} z^n,$$

其中

$$U := 1 + \sum_{j \geqslant 1} \delta_j(k)(e^s - 1)^j e^{-\frac{2js}{k+2}} z^{(k+1)j}$$

$$- \sum_{j \geqslant 1} \gamma_j(k)(e^s - 1)^j e^{-\frac{2((k+1)j-1)s}{(k+1)(k+2)}} z^{(k+1)j-1},$$

$$V := 1 - e^{-\frac{2s}{(k+1)(k+2)}} z - \sum_{j \geqslant 1} \beta_j(k)(e^s - 1)^j e^{-\frac{2((k+1)j+1)s}{(k+1)(k+2)}} z^{(k+1)j+1}$$

$$+ \sum_{j \geqslant 1} \alpha_j(k)(e^s - 1)^j e^{-\frac{2js}{k+2}} z^{(k+1)j}.$$

(1) 在 $s = 0$ 周围展开.

我们在 $s = 0$ 和 $z = 1$ 周围展开 $\tilde{M}_k(z, s)$, 以下表达式的建立是直接但是费力的:

$$M_k \big(e^{-\frac{2s}{(k+1)(k+2)}} z, e^s \big) = -1 + \frac{\displaystyle\sum_{\ell \geqslant 0} s^\ell \sum_{i=0}^{\ell(k+1)} d_{\ell,i}(k)(1-z)^i}{1 - z - \displaystyle\sum_{\ell \geqslant 1} s^\ell \sum_{i=0}^{\ell(k+1)+1} c_{\ell,i}(k)(1-z)^i},$$

其中函数 $d_{\ell,i}(k)$ 和 $c_{\ell,i}(k)$ 如下所示:

$$d_{\ell,i}(k) = (-1)^i \sum_{j=1}^{\ell} \sum_{m=0}^{\ell-j} \frac{j! \left\{ \begin{matrix} \ell - m \\ j \end{matrix} \right\} (-1)^m}{m!\,(\ell - m)!\,(k + 2)^m}$$

$$\times \left(\left(\binom{(k+1)j - 1}{i} \right) \left((2j)^m \delta_j(k) - \frac{(2((k+1)j - 1))^m \gamma_j(k)}{(k+1)^m} \right) \right.$$

$$\left. + \binom{(k+1)j - 1}{i - 1} (2j)^m \delta_j(k) [\![i \geqslant 1]\!] \right), \quad \text{其中 } \ell \geqslant 1, \qquad (6.12)$$

$$d_{0,0}(k) = 1,$$

$$c_{\ell,i}(k) = (-1)^i \sum_{j=1}^{\ell} \sum_{m=0}^{\ell-j} \frac{\left\{ \begin{matrix} l - m \\ j \end{matrix} \right\} j! (-1)^m}{m!\,(\ell - m)!\,(k + 2)^m}$$

$$\times \left(\binom{(k+1)j}{i} \left(\frac{(2((k+1)j + 1))^m \beta_j(k)}{(k+1)^m} - (2j)^m \alpha_j(k) \right) \right.$$

$$
+ \binom{(k+1)j}{i-1} \frac{(2((k+1)j+1))^m \beta_j(k)}{(k+1)^m} [\![i \geqslant 1]\!]\Bigg)
$$

$$
+ \frac{(-1)^\ell 2^\ell}{\ell!(k+1)^\ell(k+2)^\ell} [\![i=0]\!] - \frac{(-1)^\ell 2^\ell}{\ell!(k+1)^\ell(k+2)^\ell} [\![i=1]\!]. \tag{6.13}
$$

从而 $\tilde{M}_k(z,s)$ 可以被写成

$$
\tilde{M}_k(z,s) = \frac{e^{-\frac{2s}{(k+1)(k+2)}} \left(\displaystyle\sum_{\ell \geqslant 0} s^\ell \sum_{i=0}^{\ell(k+1)} d_{\ell,i}(k)(1-z)^i \right)}{1 - z - \displaystyle\sum_{\ell \geqslant 1} s^\ell \sum_{i=0}^{\ell(k+1)+1} c_{\ell,i}(k)(1-z)^i} - e^{-\frac{2s}{(k+1)(k+2)}}
$$

$$
+ (1 - e^{\frac{ks}{k+2}})z^k + \sum_{1 \leqslant n < k} z^n - \sum_{1 \leqslant n < k} e^{-\frac{2(n+1)s}{(k+1)(k+2)}} z^n. \tag{6.14}
$$

(6.14) 式中唯一有趣的部分是第一个被加数, 因为剩余的被加数对 $n > k$ 没有贡献 (余数是 k 次的 z 多项式). (6.14) 的第一个被加数可以围绕 $s = 0$ 和 $z = 1$ 展开, 最后将 $r \geqslant 1$ 导出为以下表示:

$$
[s^r] \frac{e^{-\frac{2s}{(k+1)(k+2)}} \left(\displaystyle\sum_{\ell \geqslant 0} s^\ell \sum_{i=0}^{\ell(k+1)} d_{\ell,i}(k)(1-z)^i \right)}{1 - z - \displaystyle\sum_{\ell \geqslant 1} s^\ell \sum_{i=0}^{\ell(k+1)+1} c_{\ell,i}(k)(1-z)^i}
$$

$$
= \sum_{p=0}^{r} \frac{1}{(1-z)^{p+1}} f_{r,p}(k) + \sum_{p=0}^{r-1} \frac{1}{(1-z)^{p+1}} g_{r,p}(k) + \sum_{p=0}^{r(k+1)-1} h_{r,p}(k)z^p,
$$

其中

$$
f_{r,p}(k) = \sum_{m=p}^{r} \sum_{\substack{r_1+\cdots+r_m=r \\ r_q \geqslant 1}} \sum_{\substack{t_1+\cdots+t_m=m-p \\ 0 \leqslant t_q \leqslant r_q(k+1)+1}} \prod_{j=1}^{m} c_{r_j,t_j}(k), \tag{6.15}
$$

$$
g_{r,p}(k) = \sum_{c=1}^{r} \sum_{a=p}^{r-c} \left(\sum_{m=a}^{r-c} \sum_{\substack{r_1+\cdots+r_m=r-c \\ r_q \geqslant 1}} \sum_{\substack{t_1+\cdots+t_m=m-a \\ 0 \leqslant t_q \leqslant r_q(k+1)+1}} \prod_{j=1}^{m} c_{r_j,t_j}(k) \right)
$$

$$
\times \left(\sum_{b=\lceil \frac{a-p}{k+1} \rceil}^{c} \frac{(-1)^{c-b} 2^{c-b} d_{b,a-p}(k)}{(k+1)^{c-b}(k+2)^{c-b}(c-b)!} \right), \tag{6.16}
$$

这里的某些函数 $h_{r,p}(k)$ 与我们的目的无关.

这导致了以下的表示:

$$[s^r]\tilde{M}_k(z,s) = \sum_{p=0}^{r} \frac{1}{(1-z)^{p+1}} f_{r,p}(k) + \sum_{p=0}^{r-1} \frac{1}{(1-z)^{p+1}} g_{r,p}(k) + \sum_{p=0}^{r(k+1)-1} \tilde{h}_{r,p}(k) z^p,$$

其中函数 $f_{r,p}(k)$ 和 $g_{r,p}(k)$ 由 (6.15) 和 (6.16) 定义, 函数 $\tilde{h}_{r,p}(k)$ 是不相关的, 因此没有给出.

最后的表达式中给出了 $\tilde{S}_{n,k}$ 的 r 阶矩在 $n \geqslant r(k+1)$ 下的明确形式:

$$\mathbf{E}\big(\tilde{S}_{n,k}^r\big) = r!\,[z^n s^r]\tilde{M}_k(z,s) = r! \sum_{p=0}^{r} \binom{n+p}{p} f_{r,p}(k) + r! \sum_{p=0}^{r} \binom{n+p}{p} g_{r,p}(k),$$

其中函数 $f_{r,p}(k)$ 和 $g_{r,p}(k)$ 由 (6.15) 和 (6.16) 给出.

(2) $c_{\ell,i}(k)$ 和 $d_{\ell,i}(k)$ 的估计.

我们可以很容易地获得由 (6.12) 和 (6.13) 给出的函数 $c_{\ell,i}(k)$ 和 $d_{\ell,i}(k)$ 的估计:

$$|d_{\ell,i}(k)| \leqslant 2\ell^2 (2\ell)^{2\ell+1} B_\ell (2\ell)^i k^{i-1}, \quad 其中 \ \ell \geqslant 1, i \geqslant 0, k \geqslant 1,$$

$$|c_{\ell,i}(k)| \leqslant B_\ell 2^{2\ell+3} \ell^{\ell+3} (2\ell)^i k^{i-2}, \quad 其中 \ \ell \geqslant 1, i \geqslant 0, k \geqslant 1.$$

并且有以下的结果:

$$c_{1,0}(k) = 0, \quad 并且 \quad c_{2,0}(k) = \frac{\nu(k)}{2},$$

其中

$$\nu(k) := \frac{2k(4k^2 + 5k - 3)}{(k+1)(k+2)^2(2k+1)(2k+3)}.$$

(3) $f_{r,p}(k)$ 和 $g_{r,p}(k)$ 的估计.

可以对 $f_{r,p}(k)$ 和 $g_{r,p}(k)$ 的增加做出合适的估计: 存在常数 κ_r 和 η_r(只依赖于 r), 从而

$$|f_{r,p}(k)| \leqslant \kappa_r \frac{1}{k^{2p}}, \quad 并且 \quad |g_{r,p}(k)| \leqslant \eta_r \frac{1}{k^{2p+2}},$$

对于所有的 $0 \leqslant p \leqslant r(0 \leqslant p \leqslant r-1)$ 并且 $k \geqslant 1$.

比如, 我们可以选取常数

$$\kappa_r = \frac{(2r-1)!\,(r+1)}{r!} c_r^r, \qquad \eta_r = 2^{r+2} \binom{2r-1}{r-1} r!\, r c_r^r\, d_r,$$

其中

$$c_r := B_r 2^{2r+3} r^{r+3} (2r)^r, \quad 并且 \quad d_r := 2 B_r r^r (2r)^{3r+1}.$$

(4) $\tilde{f}_{r,p}(k)$ 的消去.

使用与递归树相同的 "组合论证", 我们可以证明:

$$f_{r,p}(k) = 0, \quad \text{其中} \ p \geqslant \left\lfloor \frac{r}{2} \right\rfloor + 1;$$

$$g_{r,p}(k) = 0, \quad \text{其中} \ p \geqslant \left\lceil \frac{r}{2} \right\rceil.$$

进一步, 可以得到

$$f_{2d,d}(k) = c_{2,0}^d(k) = \frac{\nu^d(k)}{2^d}.$$

(5) 中心矩的渐近分析.

鉴于前面的论述, 我们获得了 $S_{n,k}$ 的 r 阶矩的显式表达式:

$$\mathbf{E}\big(\tilde{S}_{n,k}^{2d}\big) = (2d)! \left(\binom{n+d}{d} f_{2d,d}(k) \right.$$

$$\left. + \sum_{p=0}^{d-1} \binom{n+p}{p} \big(f_{2d,p}(k) + g_{2d,p}(k)\big) \right), \quad d \geqslant 1,$$

$$\mathbf{E}\big(\tilde{S}_{n,k}^{2d+1}\big) = (2d+1)! \sum_{p=0}^{d} \binom{n+p}{p} \big(f_{2d+1,p}(k) + g_{2d+1,p}(k)\big), \quad d \geqslant 0.$$

使用前面的估计可以很容易得到, 对于 $\frac{k^2}{n} \to 0$,

$$\mathbf{E}\big(\tilde{S}_{n,k}^{2d}\big) \to \frac{(2d)!}{d! \, 2^d} n^d \nu^d(k),$$

$$\mathbf{E}\big(\tilde{S}_{n,k}^{2d+1}\big) = O\left(\left(\frac{n}{k^2}\right)^d\right) = O\big(n^d \nu^d(k)\big).$$

因此, 考虑

$$\frac{\tilde{S}_{n,k}}{\sqrt{\nu(k)n}} = \frac{X_{n,k} - \mathbf{E}(X_{n,k})}{\sqrt{\nu(k)n}},$$

其中 $\nu(k) = \dfrac{2k(4k^2 + 5k - 3)}{(k+1)(k+2)^2(2k+1)(2k+3)}$, 我们有 $k = o(\sqrt{n})$:

$$\mathbf{E}\left(\left(\frac{\tilde{S}_{n,k}}{\sqrt{\nu(k)n}}\right)^{2d}\right) \to \frac{(2d)!}{d! \, 2^d}, \quad d \geqslant 1,$$

$$\mathbf{E}\left(\left(\frac{\tilde{S}_{n,k}}{\sqrt{\nu(k)n}}\right)^{2d+1}\right) = O\left(\frac{k}{\sqrt{n}}\right) \to 0, \quad d \geqslant 0.$$

因此, 对于次临界情况, 我们有

$$\frac{S_{n,k} - \dfrac{2n}{(k+1)(k+2)}}{\sqrt{\dfrac{2k(4k^2+5k-3)n}{(k+1)(k+2)^2(2k+1)(2k+3)}}} \xrightarrow{\mathcal{D}} \mathcal{N}(0,1).$$

至此完成了次临界情况的证明 (定理 6.6 的 (a) 部分).

5. 结束语

我们通过分析 $S_{n,k}$ 的分布特征来研究位于随机二叉搜索树边缘的子树的多样性, $S_{n,k}$ 记录大小为 n 的随机树中大小为 k 的子树的数量, 其中 $k = k(n)$ 依赖于 n. 通过解析方法, 我们可以为两个树族刻画 $S_{n,k}$ 的相变 (phase). 在次临界情况下, 当 $k(n)/\sqrt{n} \to 0$ 时, 我们证明 $S_{n,k}$ (归一化后) 是渐近正态分布的, 而在超临界情况下, 当 $k(n)/\sqrt{n} \to \infty$ 时, $S_{n,k}$ 收敛到 0; 在临界情况下, 当 $k(n) = O(\sqrt{n})$ 时, 我们证明如果 $k/\sqrt{n}$ 接近极限, 那么 $S_{n,k}$ 依分布收敛到泊松分布随机变量; 然而, 如果 $k/\sqrt{n}$ 不接近有限的非零极限, 那么它的值振荡并且不依分布收敛到任何随机变量. 这为递归树和二叉搜索树提供了对 $S_{n,k}$ 相变的完整谱 (complete spectrum of phases) 以及从次临界到超临界的相变的分析研究.

随机物体中的模式是现代研究的一个重要领域, 一个典型的例子是, 人们可能对给定文本中某个单词出现的次数或该文本中特定长度的单词出现的次数感兴趣. 在分析语法频率的语言学或试图识别 DNA 链中基因的遗传学领域, 这类应用比比皆是. 在随机树研究中, 一个非常重要的方向是在随机生成的给定树中找到模式 (即特定大小或特定形状的树), 这个方向已经在最近有关随机树的文献中引起了学者的关注 (参见文献 (Flajolet et al., 1997; Chyzak et al., 2006; Feng et al., 2007)).

均匀递归树是一种自然生长的结构, 它是许多随机模型与算法的基础, 比如病毒传染、联合查找算法等等. 对于递归树的众多应用, 我们建议读者参考文献 (Smythe and Mahmoud, 1994). 二叉搜索树是另一种自然生长的结构, 它是许多算法 (例如组合排序和搜索算法) 的基础, 并且是一种支持快速检索数据的数据结构. 对于二叉搜索树的众多应用, 我们建议读者参考文献 (Knuth, 1998) 或者 (Mahmoud, 2000).

对于二叉树, 有几种常用的随机性模型. 在形式语言、编译器、计算机代数等方面应用中, 已经有学者提出了所有树的可能性相等的统一模型 (Kemp, 1984). 然而, 对于搜索和排序算法, 随机置换模型被认为是更合适的. 在这个随机模型中, 我们假设树是由 $\{1, \cdots, n\}$ 的置换形成, 其中统一的概率模型是对置换而言的, 而不是树. 如果所有 $n!$ 种置换的可能性相同或随机, 生成二叉搜索树的可能性不同. 若干置换产生同一棵树, 有利于较短且平衡良好的树的生长, 而对于较瘦的高大形状的树的生长是不利的, 这是搜索和排序算法中的理想属性 (Mahmoud, 1992). 随机二叉搜索树指由随机置换构建的二叉搜索树, 随机置换模型并不具有局限性, 因为它涵盖了相当广泛的实例, 例如当输入是从任意连续概率分布中抽取的样本时, 构造算法只关心键的排序, 而不是它们的实际值.

  近年来有许多新算法被引入, 当我们开始分析研究时, 就会面临方法的选择问题. 例如, 收缩方法 (参见文献 (Rösler, 1991))、Pólya 罐方法 (参见文献 (Johnson and Kotz, 1977))、Chen-Stein 方法 (参见文献 (Barbour et al., 1992))、子树中的加性函数方法 (参见文献 (Devroye, 1991; Devroye, 2003)) 对这种分析都很有帮助. 这些方法已被成功地应用于算法分析 (参见文献 (Neininger, 2002) 或 (Rösler, 2001) 以了解收缩方法的应用). 然而, 经验表明, 其中一些方法在某些情况下可以成功, 但不能在所有情况下都有很好的表现. 例如, 在我们的多阶段问题中, Pólya 罐方法在非常低的范围内 (固定的小的 k) 表现良好, 正如 Feng 等 (2007) 所尝试的那样. 这种方法的难点在于, 需要根据每个 k 的不同的罐对边缘进行详细描述, 并且随着 k 的增加而变得更加复杂; 至于收缩法, 它也可以用于较小的固定 k 的情况, 但在次临界情况下, 当 k 增加但速度慢于 $\sqrt{n}$ 时, 它不容易使 $k = k_n \to \infty$, 困难源于复杂的函数. 目前尚不清楚如何在临界情况下应用收缩方法, 这同样适用于上述其他方法. 根据我们的经验, 基于生成函数的分析方法足够系统涵盖所有范围.

第三部分
随机区间树的极限性质

区间 $(0, x)$ 按照指定规则进行随机分割之后, 可以将其对应为二叉树, 称之为区间树. 本部分考虑区间树的大小 (即顶点数目) 与高度的性质. 其中, 分别描述了单边区间树与完全区间树的性质, 对于单边区间树, 根据单边区间树分布的特点, 分别说明了每种区间树的性质. 首先利用特征函数得到了部分单边区间树顶点数的渐近正态性, 从而得到了树顶点的期望与方差. 然后再分别解出了每种单边区间树的最大间隔. 这里我们参考了蒋俊等 (2008) 的文献. 对于完全区间树, 首先, 我们建立了完全区间树的概率空间结构. 然后, 在完全区间树的大小的母函数不易求得的情况下, 我们先建立了关于完全区间树的大小递归方程, 并从完全区间树的大小递归方程出发, 将求完全区间树的大小的期望和方差的问题转化为求解特定类型微分方程的问题, 最终求得了它们的准确解. 此基础上, 我们不仅给出了完全区间树的大小的强弱大数律, 并在选取适当的概率距离之后, 运用连续参数情形时的压缩法, 证明了完全区间树的大小中心极限定理.

本部分安排如下: 第 7 章表述了单边区间树的定义, 介绍了多种单边区间树大小与高度的性质, 描述了多种单边区间树的最大间隔. 第 8 章表述了完全区间树的定义, 以及完全区间树大小的性质, 且证明了完全区间树的极限性质.

第 7 章 单边区间树

区间树产生于区间的随机分割. 对于给定了长度 $x(x > 0)$ 的区间 J, 如果按照该区间上的某种分布随机选择一个分点, 将它分为两个子区间, 就叫做对该区间所作的随机分割. 如果再对两个子区间按照类似的选择分点的原则分别作随机分割, 然后继续对每个子区间的两个子区间作随机分割, 每一步都只对其中按某种给定的法则选出的一个子区间继续进行随机分割, 直到所选出的子区间的长度小于 δ 为止, 则称为单边随机分割. 为方便起见, 在研究极限性质时, 通常取 $\delta = 1$. 由于选择子区间的法则各种各样 (参阅文献 (Itoh and Mahmoud, 2003)), 所以就有着各种不同的单边随机分割.

为了便于研究随机分割的性质, 人们通常用树来刻画分割的过程: 将区间 J 对应为根点, 将它的两个子区间分别对应为它的左右两个子点; 再把由子区间所分割出的两个子区间对应为它的左右两个子点; 并一直如此下去, 直到把分割过程中所产生出的所有区间都按照分割关系对应为树上的顶点为止. 按照这种方式所产生出的随机树便称为区间树, 对应于各种不同单边分割的则可冠以相应的分割方式名称.

人们对区间树的极限性质已经有过不少讨论, 可参见文献 (Itoh and Mahmoud, 2003; Janson, 2004b). 本章的目的就是得出其他几种单边区间树上最大间隔的极限分布或所对应的方程. 下面将在 7.1 节中详细讨论各种单边区间树的定义, 然后在 7.2 节中讨论单边树的最大间隔.

7.1 单边区间树的定义

7.1.1 单边区间分割的定义

给定一长度为 $x(x > 0)$ 的区间 I, 对它进行随机分割, 将其分为长度分别为 UI 和 $(1 - U)I$ 之后, 再选择它的一个长度为 RI 的子区间进行下一步分割, 其中, U 服从分布 $U(0, 1)$. 在给定 $U = u$ 的条件下, $R = U$ 和 $1 - U$ 的概率分别为 $p(u)$ 和 $1 - p(u)$, 其中, $p(u)$ 是某个以区间 $(0, 1)$ 为支撑的分布. 易知, R 的分布函数为

$$F_R(x) = p(R \leqslant x) = \int_0^x p(u)du + \int_{1-x}^1 (1 - p(u))du, \quad x \in (0, 1).$$

因此, 其密度函数为

$$f_R(x) = p(x) + 1 - p(1 - x), \quad x \in (0, 1). \tag{7.1}$$

显然, R 的分布与 $p(u)$ 的选择有关.

与单边区间分割所对应的区间树统称为单边区间树. 而根据对 $p(u)$ 的不同选择所得到的各种不同单边区间树还各有自己的名称.

例如: 左单边区间树则是在区间分割过程中, 每次只选取新产生的两个子区间中左边那个继续进行分割, 直至所有区间的长度都小于 1. 图 7.1 即为当 $x = 4$, $\delta = 1$ 时, 对应不完全区间分割的左单边区间树.

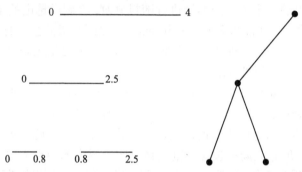

图 7.1   区间 $(0, 4)$ 的随机分割及其所对应的左单边区间树

若在区间分割过程中, 每次只选取新产生的两个子区间中右者继续进行分割, 直至所有区间的长度都小于 1, 则得到右单边区间树. 图 7.2 即为当 $x = 4$, $\delta = 1$ 时, 对应不完全区间分割的右单边区间树.

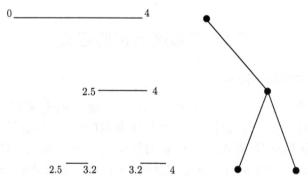

图 7.2   区间 $(0, 4)$ 的随机分割及其所对应的右单边区间树

类似地, 若在区间分割过程中, 每次只选取新产生的两个子区间中较大 (或者

较小) 者继续进行分割, 直至所有区间的长度都小于 1, 则得到取大 (或者取小) 单边区间树. 图 7.3 即为以 $x = 4$, $\delta = 1$ 时, 对应不完全区间分割的取大单边区间树 (取小单边区间树与图 7.2 同).

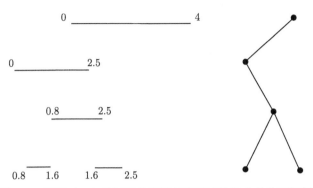

图 7.3　区间 $(0, 4)$ 的随机分割及其所对应的取大单边区间树

　　显然, 区间树反映出了随机分割中的许多性质, 也随之而产生出许多值得讨论的概率问题. 例如: 对 $x > 0$, 区间树的高度就是可以分割出的子区间的最大级数, 将之记为 H_x; 区间树上的顶点数目就是随机分割过程中所产生出的区间的总数目, 将之记为 S_x; 等等. S_x 反映了分割的总次数, Itoh 和 Mahmoud(2003) 还证明了, 对于单边区间树, 有 $H_x = \dfrac{1}{2}(S_x - 1)$, 因此对其性质的研究普遍受到人们的重视.

　　对于与随机分割相关的区间树的研究, 可以参阅文献 (Sibuya and Itoh, 1987; Fill, 1996; Prodinger, 1993; Itoh and Mahmoud, 2003) 等. 其中, Itoh 和 Mahmoud(2003) 对几种不同的单边区间树作了较为系统的讨论, 他们求出了这几种单边区间树的顶点数目的矩母函数, 并且利用它证明了这几种单边区间树的顶点数目的渐近正态性, 即中心极限定理; 利用他们的结果还可以得到其弱大数律.

　　随机树上顶点到根点的最大距离称为树的高度, 通常记为 H_x. 高度 H_x 其实就是树上顶点的最大深度. 易知, 在单边区间树上, 高度 H_x 就是所作的随机分割的次数.

　　引理 7.1　在单边区间树上, H_x a.s. 有限.

　　证明　设按单边区间树的生成法则选定的分割区间长度依次为 x, $R_1 x$, $R_1 R_2 x$, $\cdots$, $R_1 R_2 \cdots R_{H_x} x$, 其中 R, R_1, R_2, $\cdots$ 为 i.i.d. 随机变量, 其密度如式 (7.1) 所示. 故有

$$H_x = \inf\left\{ j : R_1 R_2 \cdots R_j < \frac{1}{x} \right\} = \inf\{ j : -\ln R_1 - \ln R_2 - \cdots - \ln R_j > \ln x \},$$

其中, $-\ln R_1, -\ln R_2, \cdots, -\ln R_j$ 为 i.i.d. 非负随机变量, 其密度函数为

$$q(u) = e^{-u}[p(e^{-u}) + 1 - p(1 - e^{-u})] \leqslant 2e^{-u}, \quad u > 0,$$

因此对任何 $s < 1$, 都有 $\mathbf{E}\exp\{-s\ln R\} < \infty$, 而 $x > 1$ 为一给定的常数, 故由更新理论知 H_x a.s. 有限. □

7.1.2　单边区间树大小与高度的性质

除前面提到的几种单边区间树外, 如左单边区间树、右单边区间树、取大和取小单边区间树, Itoh 和 Mahmoud(2003) 还定义了正比例单边区间树, 他们对这几种树的大小进行了深入的考察, 利用母函数的方法, 得到它们期望方差的准确值或者渐近式, 进一步还得到了它们的极限分布.

例如对左单边区间树, 用随机变量 $S_{1,x}$ 表示左单边区间树中顶点数目, Itoh 和 Mahmoud(2003) 首先从左单边区间树生成法则出发, 建立了 $S_{1,x}$ 的递归关系式

$$S_{1,x} = 2 + S_{1,U_x}, \quad x \geqslant 1,$$

其中, U_x 为随机分割过程中从区间 $(0,x)$ 上随机取出的第一个点. 基于此递归式, 他们求得了 $S_{1,x}$ 的母函数,

$$\begin{aligned}\phi_x(t) &:= \mathbf{E}\exp\{tS_{1,x}\}\\ &= e^{3t}\,x^{\exp\{2t\}-1}, \quad x \geqslant 1, \quad t \in \mathcal{R};\end{aligned} \tag{7.2}$$

并最终发现当 $x \to \infty$ 时, 它即为正态分布的母函数, 继而得到了 $S_{1,x}$ 渐近正态性.

定理 7.1　若 $S_{1,x}$ 是由区间 $(0,x)$ 生成左单边区间树中顶点的数目, 则当 $x \to \infty$ 时, 有

$$\frac{S_{1,x} - 2\ln x}{\sqrt{\ln x}} \xrightarrow{\mathcal{D}} \mathcal{N}(0,4).$$

Itoh 和 Mahmoud(2003) 从 $S_{1,x}$ 的母函数出发, 计算其关于变量 t 的一阶和二阶导数, 最终, 还可以得到 $S_{1,x}$ 的各阶矩, 例如: 期望和方差.

定理 7.2　若 $S_{1,x}$ 是由区间 $(0,x)$ 生成的左单边区间树中顶点的数目, 则

$$\mathbf{E}[S_{1,x}] = 2\ln x + 3,$$
$$\mathbf{Var}[S_{1,x}] = 4\ln x.$$

对取小单边区间树, 用随机变量 $S_{2,x}$ 表示取小单边区间树中顶点的数目, Itoh 和 Mahmoud(2003) 首先从取小单边区间树生成法则出发, 则建立了 $S_{2,x}$ 的递归

关系式

$$S_{2,x} = 2 + S_{2,Z_x}, \quad x \geqslant 1,$$

其中, $Z_x = \min\{U_x, x - U_x\}$, 而 U_x 为随机分割过程中从区间 $(0, x)$ 上随机取出的第一个点. 基于此递归式, 他们求得了 $S_{2,x}$ 的母函数,

$$\begin{aligned}
\phi_x(t) &:= \mathbf{E}\ \exp\{tS_{2,x}\} \\
&= e^{3t}\ x^{g(t)}, \quad x \geqslant 1, \quad t \in \mathcal{R},
\end{aligned} \tag{7.3}$$

其中 $g(t)$ 满足 $2^{g(t)}(g(t) + 1) = e^{2t}$, 并最终发现当 $x \to \infty$ 时, 它即为正态分布的母函数, 继而得到了 $S_{2,x}$ 渐近正态性.

定理 7.3 若 $S_{2,x}$ 是由区间 $(0, x)$ 生成取小单边区间树中顶点的数目, 则当 $x \to \infty$ 时, 有

$$\frac{S_{2,x} - (2/(1 + \ln 2)) \ln x}{\sqrt{\ln x}} \xrightarrow{\mathcal{D}} \mathcal{N}\left(0, \frac{4}{(1 + \ln 2)^3}\right).$$

Itoh 和 Mahmoud(2003) 从 $S_{2,x}$ 的母函数出发, 计算其关于变量 t 的一阶和二阶导数, 最终, 还可以得到 $S_{2,x}$ 的各阶矩的等价量, 例如: 期望和方差.

定理 7.4 若 $S_{2,x}$ 是由区间 $(0, x)$ 生成取小单边区间树中顶点的数目, 则

$$\mathbf{E}[S_{2,x}] \sim \frac{2}{1 + \ln 2} \ln x \approx 1.181232218 \ln x,$$

$$\mathbf{Var}[S_{2,x}] = \frac{4}{(1 + \ln 2)^3} \ln x \approx 0.8240922988 \ln x.$$

对取大单边区间树, 用随机变量 $S_{3,x}$ 表示取大单边区间树中顶点的数目, Itoh 和 Mahmoud(2003) 首先从取大单边区间树生成法则出发, 建立了 $S_{3,x}$ 的递归关系式

$$S_{3,x} = 2 + S_{3,Z_x}, \quad x \geqslant 1,$$

其中, $Z_x = \max\{U_x, x - U_x\}$, 而 U_x 为随机分割过程中从区间 $(0, x)$ 上随机取出的第一个点. 基于此递归式, 他们求得了 $S_{3,x}$ 的母函数,

$$\begin{aligned}
\phi_x(t) &:= \mathbf{E}\ \exp\{tS_{3,x}\} \\
&= e^{3t}\ x^{h(t)}, \quad x \geqslant 1, \quad t \in \mathcal{R},
\end{aligned} \tag{7.4}$$

其中 $h(t)$ 满足 $h(t) + (1 - 2e^{2t}) = -e^{2t}2^{-h(t)}$, 并最终发现当 $x \to \infty$ 时, 它即为正态分布的母函数, 继而得到了 $S_{3,x}$ 的渐近正态性.

定理 7.5　若 $S_{3,x}$ 是由区间 $(0,x)$ 生成取大单边区间树中顶点的数目, 则当 $x \to \infty$ 时, 有

$$\frac{S_{3,x} - (2/(1-\ln 2))\ln x}{\sqrt{\ln x}} \xrightarrow{\mathcal{D}} \mathcal{N}\left(0, \frac{4(1-2\ln^2 2)}{(1-\ln 2)^3}\right).$$

Itoh 和 Mahmoud(2003) 从 $S_{3,x}$ 的母函数出发, 计算其关于变量 t 的一阶和二阶导数, 最终, 还可以得到 $S_{3,x}$ 的各阶矩的等价量, 例如: 期望和方差.

定理 7.6　若 $S_{3,x}$ 是由区间 $(0,x)$ 生成取大单边区间树中顶点的数目, 则

$$\mathbf{E}[S_{3,x}] \sim \frac{2}{1-\ln 2}\ln x \approx 6.517782708 \ln x,$$

$$\mathbf{Var}[S_{3,x}] = \frac{4(1-2\ln^2 2)}{(1-\ln 2)^3}\ln x \approx 5.412269750 \ln x.$$

对比例单边区间树, 用随机变量 $S_{4,x}$ 表示比例单边区间树中顶点的数目, Itoh 和 Mahmoud(2003) 首先从比例单边区间树生成法则出发, 建立了 $S_{4,x}$ 的递归关系式

$$S_{4,x} = 2 + \mathbf{1}_{\{V_x \leqslant U_x\}} S_{4,U_x} + \mathbf{1}_{\{V_x \geqslant U_x\}} \tilde{S}_{4,x-U_x}, \quad x \geqslant 1,$$

其中, U_x 为随机分割过程中从区间 $(0,x)$ 上随机取出的第一个点, V_x 为随机分割过程中从区间 $(0,x)$ 上随机取出的第二个点. 基于此递归式, 他们求得了 $S_{4,x}$ 的母函数,

$$\begin{aligned}
\phi_x(t) :&= \mathbf{E}\,\exp\{tS_{4,x}\} \\
&= e^{3t}\,x^{2(\exp\{2t\}-1)}, \quad x \geqslant 1, \quad t \in \mathcal{R};
\end{aligned} \tag{7.5}$$

并最终发现当 $x \to \infty$ 时, 它即为正态分布的母函数, 继而得到了 $S_{4,x}$ 的渐近正态性.

定理 7.7　若 $S_{4,x}$ 是由区间 $(0,x)$ 生成比例单边区间树中顶点的数目, 则当 $x \to \infty$ 时, 有

$$\frac{S_{4,x} - 4\ln x}{\sqrt{\ln x}} \xrightarrow{\mathcal{D}} \mathcal{N}(0,8).$$

Itoh 和 Mahmoud(2003) 从 $S_{4,x}$ 的母函数出发, 计算其关于变量 t 的一阶和二阶导数, 最终, 还可以得到 $S_{4,x}$ 的各阶矩的等价量, 例如: 期望和方差.

定理 7.8　若 $S_{4,x}$ 是由区间 $(0,x)$ 生成比例单边区间树中顶点的数目, 则

$$\mathbf{E}[S_{3,x}] \sim 4\ln x,$$

$$\mathbf{Var}[S_{3,x}] \sim 8\ln x.$$

Itoh 和 Mahmoud(2003) 还顺便得到了这几种单边区间树的高度的相应结论. 这是因为, 对于任意单边区间树而言, 除根点所在层之外, 其他的每一层都有且只有两个顶点, 所以, 单边区间树的高度 $H_{o,x}$ 和顶点数目 $S_{o,x}$ 之间有直接的线性关系, 即

$$H_{o,x} = \frac{1}{2}(S_{o,x} - 1).$$

所以, 结合 $S_{o,x}$ 的已有结果, 立即得到 $H_{o,x}$ 的相应结论.

Janson(2004b) 进一步推广了 Itoh 和 Mahmoud(2003) 的结论, 将单边区间树延伸到更为广泛的情形, 不再细致地要求具体的分割细则. 他也得到了树的高度和顶点数目的极限分布, 以及期望和方差的渐近式.

我们知道, 无论是哪一种单边区间树, 对每个区间 J 进行分割时, 都是将区间分割为长度为 UJ 的左子区间和长度为 $(1-U)J$ 的右子区间, 其中 U 服从 $(0,1)$ 上的均匀分布. 所不同的是, 每次对新产生的两个区间进行选择性的分割时, 仅选择的方法不同, 就会得到不同的单边区间树. Janson(2004b) 假设对任意给定的 $U = u$, 以概率 $p(u)$ 选取新产生的子区间中的左边一个, 对其继续进行分割, 同样, 以概率 $1 - p(u)$ 选取产生的另外一个子区间. Janson(2004b) 证得如下结论.

定理 7.9 $H_{o,x}$ 表示按照上述方法由区间 $(0,x)$ 生成单边区间树的高度, 设随机变量 R 具有密度函数

$$f_R(u) = p(u) + 1 - p(1 - u), \quad 0 < u < 1,$$

若

$$\mu := \mathbf{E}[-\ln(R)], \quad \sigma^2 := \mathbf{E}[-\ln(R)]^2$$

都是有限的, 则当 $x \to \infty$ 时,

$$\mathbf{E}[H_{o,x}] = \mu^{-1} \ln x + \frac{\sigma^2 + \mu^2}{2\mu^2} + o(1),$$

$$\mathbf{Var}[H_{o,x}] = \frac{\sigma^2}{\mu^3} \ln x + o(\ln x)$$

且

$$\frac{H_{o,x} - \mu^{-1} \ln x}{\sqrt{\ln x}} \xrightarrow{\mathcal{D}} \mathcal{N}\left(0, \frac{\sigma^2}{\mu^3}\right).$$

基于 $S_{o,x}$ 和 $H_{o,x}$ 之间的线性关系, $S_{o,x}$ 也显然具有类似的结论. Janson(2004b) 用他的结论验证了 Itoh 和 Mahmoud(2003) 的结果, 并进一步说明定理 7.9 的结论对 m 叉区间树同样适用 (其中, m 为大于 2 的整数).

除树的高度和顶点数目之外, 关于单边区间树中的其他变量, 亦有很多讨论, 例如, Itoh 和 Mahmoud(2003) 考察了单边区间树中的最大间隔 M_x, 即: 在生成单边区间树的过程中, 区间 $(0, x)$ 最终被一些随机点分割成很多小的区间, 这些小区间中最长的那个的长度即为 M_x. 他们用更新定理证明了生成单边区间树所需的分割次数是 a.s. 有限的, 并用分析的方法得到了 M_x 的一些渐近性质.

基于文献 (Itoh and Mahmoud, 2003), 我们还可以得到几种单边区间树更为深入的极限性质, 例如: $S_{1,x}$ 的大数律和中心极限定理的收敛速度, 它们进一步刻画了 $S_{1,x}$ 的极限性质. 下面我们仅以左单边区间树为例, 其他几种单边区间树则不再冗述.

定理 7.10　若 $S_{1,x}$ 是由区间 $(0, x)$ 生成的左单边区间树中顶点的数目, 则

$$\frac{S_{1,x}}{\ln x} \to 2 \quad \text{a.s..} \tag{7.6}$$

证明　任给 $0 < \varepsilon < 1$. 易知, 可取 $t > 0$ 充分小, 使得

$$\varrho_1 := 2t(1+\varepsilon) + 1 - e^{2t} > 0,$$
$$\varrho_2 := 1 - e^{-2t} - 2t(1-\varepsilon) > 0.$$

记 $\varrho := \min\{\varrho_1, \varrho_2\}$. 对任何正整数 $n \geqslant 3$, 一方面, 我们有

$$\begin{aligned}
\mathbf{P}(S_{1,n} > 2(1+\varepsilon)\ln n) &\leqslant \exp\{-2t(1+\varepsilon)\ln n\}\mathbf{E}\exp\{tS_{1,n}\} \\
&= \exp\left\{-2t(1+\varepsilon)\ln n + 3t + (e^{2t}-1)\ln n\right\} \\
&= e^{3t}\, n^{e^{2t}-2t(1+\varepsilon)-1} \\
&= e^{3t}\, n^{-\varrho_1} \\
&\leqslant e^{3t}\, n^{-\varrho}.
\end{aligned}$$

另一方面, 又有

$$\begin{aligned}
\mathbf{P}(S_{1,n} < 2(1-\varepsilon)\ln n) &= \mathbf{P}(-S_{1,n} > -2(1-\varepsilon)\ln n) \\
&\leqslant \exp\{2t(1-\varepsilon)\ln n\}\mathbf{E}\exp\{-tS_{1,n}\} \\
&= \exp\left\{2t(1-\varepsilon)\ln n - 3t + (e^{-2t}-1)\ln n\right\} \\
&= e^{-3t}\, n^{e^{-2t}+2t(1-\varepsilon)-1} \\
&= e^{-3t}\, n^{-\varrho_2} \\
&\leqslant e^{-3t}\, n^{-\varrho}.
\end{aligned}$$

由上述二式得知

$$\sum_{k=3}^{\infty}\mathbf{P}\left(\left|\frac{S_{1,2^k}-2\ln 2^k}{2\ln 2^k}\right| > \varepsilon\right) \leqslant 2e^{3t}\sum_{k=3}^{\infty}2^{-k\varrho} < \infty.$$

由此, 并由 Borel-Cantelli 引理和 $\varepsilon > 0$ 的任意性, 即得

$$\frac{S_{1,2^k}}{\ln 2^k} \rightarrow 2 \quad \text{a.s..}$$

因为单边区间树是完全区间树的部分区间不分割而得到的树, 那么, 下一章中完全区间树的概率空间结构自然也适用于单边区间树, 所以, (8.2) 式所示结论对 $S_{1,x}$ 同样成立, 即: 在每个 $\omega \in \Omega$ 上 $S_{1,x}(\omega)$ 都非降, 于是, 当 $2^k \leqslant x < 2^{k+1}$ 时, 有

$$\frac{S_{1,2^k}}{\ln 2^{k+1}} \leqslant \frac{S_{1,x}}{\ln x} \leqslant \frac{S_{1,2^{k+1}}}{\ln 2^k}.$$

由此即得 (7.6) 式. $\qquad\qquad\qquad\qquad\qquad\qquad\qquad\qquad\qquad\qquad\qquad\square$

以下我们以带下标或不带下标的字母 c 表示绝对常数, 即使在同一式中出现, 其值也不一定相等. 记

$$F_x(u) := \mathbf{P}\left(\frac{S_{1,x} - 2\ln x - 3}{2\sqrt{\ln x}} < u\right), \quad u \in \mathcal{R}, \tag{7.7}$$

并以 $\Phi(u)$ 表示标准正态 $\mathcal{N}(0,1)$ 的分布函数.

定理 7.11 若 $S_{1,x}$ 是由区间 $(0, x)$ 生成的左单边区间树中顶点的数目, 则

$$\| F_x - \Phi \| := \sup_{u \in \mathcal{R}} |F_x(u) - \Phi(u)| \leqslant \frac{c_0}{\sqrt{\ln x}}. \tag{7.8}$$

证明 记 $\mathrm{i} = \sqrt{-1}$, 在 (7.5) 式中以 $\mathrm{i}t$ 代替 t, 可得左单边区间树的顶点数目 $S_{1,x}$ 的特征函数:

$$\begin{aligned} f_x(t) &:= \mathbf{E} e^{\mathrm{i}t S_{1,x}} = e^{3\mathrm{i}t} x^{e^{2\mathrm{i}t} - 1} \\ &= \exp\left\{3\mathrm{i}t + (e^{2\mathrm{i}t} - 1)\ln x\right\}, \quad x \geqslant 1, \quad t \in \mathcal{R}. \end{aligned} \tag{7.9}$$

因此对任何 $t \in \mathcal{R}$ 和 $x \geqslant 1$, 都有

$$\begin{aligned} g_x(t) &:= \mathbf{E}\exp\left\{\frac{\mathrm{i}t(S_{1,x} - 2\ln x - 3)}{2\sqrt{\ln x}}\right\} \\ &= \exp\left\{\left(\exp\left\{\frac{\mathrm{i}t}{\sqrt{\ln x}}\right\} - 1 - \frac{\mathrm{i}t}{\sqrt{\ln x}}\right)\ln x\right\} \\ &= \exp\left\{-\frac{t^2}{2} + \frac{\eta t^3}{\sqrt{\ln x}}\right\}, \quad |\eta| \leqslant \frac{1}{6}. \end{aligned}$$

对 $|t| \leqslant \sqrt{\ln x}$, 由微分中值定理, 得

$$\left| g_x(t) - \exp\left\{-\frac{t^2}{2}\right\} \right| \leqslant \frac{|t|^3}{6\sqrt{\ln x}}\exp\left\{-\frac{t^2}{3}\right\}. \tag{7.10}$$

从而,

$$\int_{-\sqrt{\ln x}}^{\sqrt{\ln x}} \left| \frac{1}{t} \left(g_x(t) - \exp\left\{ -\frac{t^2}{2} \right\} \right) \right| dt \leqslant \frac{c}{\sqrt{\ln x}} \int_0^\infty \sqrt{u} e^{-u} du = \frac{c}{\sqrt{\ln x}}.$$

再由 Esseen 不等式 (Petrov, 1995), 即得

$$\| F_x - \Phi \| := \sup_{u \in \mathcal{R}} |F_x(u) - \Phi(u)|$$

$$\leqslant c_1 \int_{-\sqrt{\ln x}}^{\sqrt{\ln x}} \left| \frac{1}{t} \left(g_x(t) - \exp\left\{ -\frac{t^2}{2} \right\} \right) \right| dt + \frac{c_2}{\sqrt{\ln x}}$$

$$\leqslant \frac{c_0}{\sqrt{\ln x}}. \qquad \square$$

以上都是基于单边区间树所得到的一系列结论.

7.2　单边区间树的最大间隔

由单边树的生成法则知, 树上的每个叶点都对应一个分割出的子区间. 以 M_x 记它们中的最大长度, 称为单边区间树的最大间隔. 易知

$$M_x = \max\{M_{xR_1}, x(1 - R_1)\},$$

$$M_x^* := \frac{M_x}{x} = \max\left\{ \frac{M_{xR_1}}{xR_1} \frac{xR_1}{x}, 1 - R_1 \right\} = \max\{M_{xR_1}^* R_1, 1 - R_1\}.$$

定理 7.12　在单边区间树上, 设 M_x 为其最大间隔, 则 $M_x^* = \dfrac{M_x}{x}$ 依分布收敛到一个随机变量 M, M 无原子且满足关系式:

$$M \overset{\mathcal{D}}{=} \max\{MR, 1 - R\}, \tag{7.11}$$

其中, $\overset{\mathcal{D}}{=}$ 表示同分布, 且式 (7.11) 右端中的 M 与 R 独立.

为证明上述定理, 先做些准备工作.

若对区间 $(0,1)$ 作无穷分割, 即在分割过程中, 取 $\delta = 0$, 并把对应的单边区间树最大间隔记作 M, 则显然它满足式 (7.11).

若在第 i 次分割后, 除了被选定作下一次分割的某子区间外, 其他所有叶点对应的子区间中最大长度记为 M_i, 则有 $M_1 \leqslant M_2 \leqslant \cdots$, 记 $\overline{M} = \sup_{i \geqslant 0} M_i$.

对单位区间 $(0,1)$ 作分割, 取 $\delta = \dfrac{1}{x}$, 即当选定的区间长度小于 $\dfrac{1}{x}$ 时终止分割, 记对应的单边区间树最大间隔为 $\overline{M}_x$.

对长度为 x 的区间 $(0, x)$ 作无穷分割, 这里 $x < 1$, 以 M_x 记其对应的单边区间树的最大间隔.

引理 7.2 当 $x \to \infty$ 时, 有 $\overline{M}_x \to \overline{M}$ a.s..

证明 显然有 $\overline{M}_x \geqslant \overline{M}$. 若 $\overline{M}_x > \overline{M}$, 则在产生 $\overline{M}_x$ 后至少再进行一次分割才能产生 $\overline{M}$, 故 $M_1 \leqslant \overline{M} < \dfrac{1}{x}$. 又显然 M_1 为 $U(0,1)$ 随机变量, 所以

$$\mathbf{P}(\overline{M}_x > \overline{M}) \leqslant \mathbf{P}\left(\overline{M} < \frac{1}{x}\right) \leqslant \mathbf{P}\left(M_1 < \frac{1}{x}\right) = \frac{1}{x},$$

取 $x_n = 2^n$, $n = 1, 2, \cdots$, 则

$$\sum_{n=1}^{\infty} \mathbf{P}(\overline{M}_{2^n} > \overline{M}) \leqslant \sum_{n=1}^{\infty} \frac{1}{2^n} \leqslant \infty,$$

由 Borel-Cantelli 引理知

$$\mathbf{P}(\overline{M}_{2^n} > \overline{M}, \text{i.o.}) = 0.$$

所以存在 Ω_0, 有 $\mathbf{P}(\Omega_0) = 1$, 使得对任何 $\omega \in \Omega_0$, 都存在自然数 $n_0(\omega)$, 当 $n > n_0(\omega)$ 时, $\overline{M}_{2^n}(\omega) = \overline{M}(\omega)$, 并且根据以下事实: 若 $\overline{M}_x(\omega) = \overline{M}(\omega)$, 则对 $z > x$, $\overline{M}_x(\omega) = \overline{M}(\omega)$. 故有 $\overline{M}_x \to \overline{M}$ a.s.. $\qquad \square$

引理 7.3 记 $Q(y)$ 为满足式 (7.11) 的 M 的分布函数, 则 $Q(y)$ 满足

$$Q(y) = \int_{1-y}^{1} f_R(u) Q\left(\frac{y}{u}\right) du,$$

式中, $f_R(u) = p(u) + 1 - p(1-u)$.

证明 由分布函数定义有

$$
\begin{aligned}
Q(y) &= \mathbf{P}(M \leqslant y) \\
&= \int_0^1 f_R(u) \mathbf{P}(\max\{Mu, 1-u\} \leqslant y) du \\
&= \int_0^1 f_R(u) \mathbf{P}\left(M \leqslant \frac{y}{u}\right) \mathbf{P}(u \geqslant 1-y) du \\
&= \int_{1-y}^1 f_R(u) \mathbf{P}\left(M \leqslant \frac{y}{u}\right) du \\
&= \int_{1-y}^1 f_R(u) Q\left(\frac{y}{u}\right) du. \qquad \square
\end{aligned}
$$

定理 7.12 的证明

显然有 $x\overline{M}_x$ 与 M_x 同分布, 故由引理 7.2 知 $\dfrac{M_x}{x} \to \overline{M}$ a.s., 并且根据前面的记号有

$$\overline{M} \overset{\mathcal{D}}{=} \max\{\overline{M}_R, 1-R\},$$

式中, R 为 U 或 $1-U$ 的概率分别为 $p(u)$ 和 $1-p(u)$. 注意到 M_x 与 $x\overline{M}$ 同分布, 同引理 7.3 证明一样, 易得

$$\mathbf{P}(\max\{MR, 1-R\} \leqslant t) = \int_{1-t}^{1} f_R(u) \mathbf{P}\left(M \leqslant \frac{t}{u}\right) du;$$

而

$$\begin{aligned}
\mathbf{P}(\overline{M} \leqslant t) &= \int_{0}^{1} f_R(u) \mathbf{P}(1-R \leqslant t, \overline{M}_R \leqslant t | R = u) du \\
&= \int_{1-t}^{1} f_R(u) \mathbf{P}(\overline{M}_R \leqslant t | R = u) du \\
&= \int_{1-t}^{1} f_R(u) \mathbf{P}(\overline{M}_R \leqslant t) du \\
&= \int_{1-t}^{1} f_R(u) \mathbf{P}(u\overline{M} \leqslant t) du \\
&= \int_{1-t}^{1} f_R(u) \mathbf{P}\left(\overline{M} \leqslant \frac{t}{u}\right) du,
\end{aligned}$$

所以 $\max\{\overline{M}R, 1-R\} \overset{\mathcal{D}}{=} \overline{M}$. 又 $M_x^* \overset{\mathcal{D}}{=} \overline{M}_x$, 故可由引理 7.2 得 M_x^* 依分布收敛于 $\overline{M}$, 由于 R 只依赖于 U, 所以 $\overline{M}$ 和 R 独立, 并且 R 是无原子的, 易知 $\overline{M}$ 也是无原子的.

Itoh 和 Mahmoud(2003) 提出了一系列单边树的概念, 它们之间的区别就表现在对 $p(u)$ 的不同选择上. 利用 7.1 节的结果, 可以对各种不同的单边区间树的最大间隔得到它们的极限分布函数所满足的微分方程. 但是, 不同的 $p(u)$ 对应不同的 $f_R(u)$, 不同的 $f_R(u)$ 对应不同的极限分布 $Q(y)$, 求解出方程的显式解并不都是轻而易举的.

不过, 对形如 $Q(y) = \displaystyle\int_{1}^{1-y} (k+1)u^k Q\left(\dfrac{y}{u}\right) du$ 的方程, 却可以用文献 (Itoh and Mahmoud, 2003) 中同样的方法求解出 $Q(y)$ 的表达式.

本节就各种单边区间树给出它们的定义以及它们的最大间隔的极限分布函数满足的方程, 其中对比例单边树做了着重考察.

1. 比例单边树

如果在单边区间分割中, 令 $p(u) = u$, 则相应的分割称为比例单边分割, 所生成的区间树称为比例单边树.

显然, 对比例单边区间树, 有

$$f_R(x) = p(x) + 1 - p(1-x) = x + 1 - (1-x) = 2x, \quad x \in (0, 1).$$

根据引理 7.3, 有 $Q(y) = \int_{1-y}^{1} 2u Q(y/u) du$.

尽管直接求解出 $Q(y)$ 的显式是困难的, 但是却可以逐个在小区间上去考虑, 得到相邻小区间上 $Q(y)$ 值的递推式, 再用边界条件 $Q(y) = 1$, $y \geqslant 1$, 得到 $Q(y)$ 在所有小区间上的表达式.

由于 $Q(y)$ 是以区间 $[0, 1]$ 为支撑的连续分布, 所以只需在区间 $(0, 1]$ 上求解 $Q(y)$. 为此, 写 $\mathbf{I}_k = (1/(k+1), 1/k]$, 从而 $(0, 1] = \bigcup_{k=1}^{\infty} \mathbf{I}_k$.

在区间 $\mathbf{I}_k = (1/(k+1), 1/k]$ 上, 记 $Q(y) = Q_k(y)$, 并记 $Q_0(y) = 1$, $y \geqslant 1$. 为了方便, 记 $Q_k(1/(k+1)) = Q_{k+1}(1/(k+1))$.

易知, 对于 $y \in \mathbf{I}_k$, 若 $u \in (1-y, ky)$, 则 $y/u \in \mathbf{I}_{k-1}$; 而若 $u \in (ky, 1)$, 则 $y/u \in \mathbf{I}_k$. 所以当 $y \in \mathbf{I}_k$ 时, 有

$$\begin{aligned}
Q(y) = Q_k(y) &= \int_{1-y}^{1} 2u Q\left(\frac{y}{u}\right) du \\
&= \int_{1-y}^{ky} 2u Q\left(\frac{y}{u}\right) du + \int_{ky}^{1} 2u Q\left(\frac{y}{u}\right) du \\
&= \int_{1-y}^{ky} 2u Q_{k-1}\left(\frac{y}{u}\right) du + \int_{ky}^{1} 2u Q_k\left(\frac{y}{u}\right) du.
\end{aligned}$$

两边对 y 求导, 应用 Leibniz 公式, 并利用等式 $Q_k(1/k) = Q_{k-1}(1/k)$, 得

$$Q_k'(y) = \frac{2(1-y)}{y} Q_{k-1}\left(\frac{y}{1-y}\right).$$

在对上式两边同时从 y 积分到 $\frac{1}{k}$ 得

$$\begin{aligned}
Q_k(y) &= Q_k\left(\frac{1}{k}\right) - \int_y^{\frac{1}{k}} \frac{2(1-v)}{v} Q_{k-1}\left(\frac{v}{1-v}\right) dv \\
&= Q_{k-1}\left(\frac{1}{k}\right) - \int_y^{\frac{1}{k}} \frac{2(1-v)}{v} Q_{k-1}\left(\frac{v}{1-v}\right) dv.
\end{aligned}$$

这样就得出 $Q_k(y)$ 和 $Q_{k-1}(y)$ 的递推关系, 根据上述的边界条件, 就可以逐个求出 $Q(y)$ 在每个小区间上得表达式.

例如, 当 $y \in (1/2, 1)$ 时,

$$Q(y) = Q_1(y) = Q_0(1) - \int_y^1 \frac{2(1-v)}{v} dv$$
$$= 1 + 2\ln y + 2 - 2y = 3 - 2y + 2\ln y,$$

对较大的 k, $Q_k(y)$ 的形式相当复杂, 但是借助于计算机编程, 原则上都可以求出 $Q(y)$ 的表达式.

2. 均匀单边树

如果在单边区间分割中, 令 $p(u) = 1/2$, 则相应的分割称为均匀单边分割, 所生成的区间树称为均匀单边树.

显然, 对均匀单边区间树, 有

$$f_R(x) = p(x) + 1 - p(x) = 1, \quad x \in (0, 1),$$

此时, R 服从分布 $U(0, 1)$, 即区间 $(0, 1)$ 上的均匀分布. 根据引理 7.3, 得知

$$Q(y) = \int_{1-y}^1 Q(y/u) du.$$

其形式与关于左侧单边树的方程形式相同, 在 (Itoh et al., 2006) 中已经得到 $Q(y)$ 的表达式.

3. 反比例单边树

如果每次分割后, 按两子区间长度比例的概率舍弃其中一个子区间, 对另一个子区间作进一步分割, 直到被选定的子区间长度小于 δ, 这样得到的单边树称为反比例单边树. 此时, $p(u) = 1 - u$, $f_R(u) = 2(1-u)$, $u \in (0, 1)$, 于是

$$Q(y) = \int_{1-y}^1 2(1-u)Q(y/u) du.$$

4. 最大单边树

对一给定长度的区间进行分割, 每次分割后在得到的两子区间中选大的子区间做进一步分割, 这样得到的单边树称为最大单边树. 这时 $R = \max\{U, 1 - U\}$, 即 R 服从 $U(1/2, 1)$, 所以

$$Q(y) = \int_{1-y}^1 2Q\left(\frac{y}{u}\right) du, \quad y \leqslant \frac{1}{2}.$$

5. 左侧停车单边树

在长为 $x(x \geqslant 1)$ 的区间中首先随机选一处停车长度为 1 的汽车, 下一辆车随机均匀地停在上辆车的左边, 直到不能停为止 (即最后一辆车左边的空间长度小于 1), 此时,

$$M = \max\left\{\frac{x-1}{x}MU, \ (1-U)\frac{x-1}{x}\right\}.$$

于是

$$Q(y) = \int_{1-xy/(x-1)}^{1} Q\left(\frac{xy}{(x-1)u}\right) du, \quad y \leqslant \frac{x-1}{x}.$$

6. 按比例停车单边树

在上面停车过程中, 下一辆车停在上辆车的左边或右边的概率与上一辆车左右两边的空间长度成正比, 则有

$$M = \max\left\{M\frac{x-1}{x}R, \frac{x-1}{x}(1-R)\right\},$$
$$f_R(u) = 2u, \quad u \in (0,1),$$

所以

$$Q(y) = \int_{1-xy/(x-1)}^{1} 2uQ\left(\frac{xy}{(x-1)u}\right) du, \quad y \leqslant \frac{x-1}{x}.$$

7. m 叉左侧单边树

上述几种单边树都是假定每个被选定的区间分割为两个子区间, 事实上可以对它进行推广, 同样是对给定长度的区间进行分割, 不过是将它随机分割为 m 个子区间, 然后选择最左边的子区间进行下一次分割, 如此下去直到被选定的子区间长度小于 δ, 这样得到的区间树称为 m 叉左侧单边树. 显然易见, 对此情形, 7.1 节的证明推导只需稍做形式上的修改仍然适合. 设 $U_1, U_2, \cdots, U_{m-1}$ 为 $(0,1)$ 上独立同分布的均匀随机变量, $U_{(1)}, U_{(2)}, \cdots, U_{(m-1)}$ 为其顺序随机变量, 则

$$M = \max\{MU_{(1)}, U_{(2)} - U_{(1)}, \cdots, U_{(m-1)} - U_{(m-2)}, 1 - U_{(m-1)}\},$$

则

$$Q(y) = \int \cdots \int_D (m-1)! Q\left(\frac{y}{u_1}\right) du_1 \cdots du_{m-1},$$

其中, 积分区域

$$D = \{(u_1, \cdots, y_{m-1})|0 < u_1 \leqslant \cdots \leqslant u_{m-1} < 1; u_2 - u_1 < y; \cdots, 1 - u_{m-1} < y\}.$$

第 8 章　完全区间树

区间树产生于区间的随机分割. 对于给定了长度 $x(x > 0)$ 的区间 J, 如果按照该区间上的某种分布随机选择一个分点, 将它分为两个子区间, 就叫做对该区间所作的随机分割. 如果再对两个子区间按照类似的选择分点的原则分别作随机分割, 然后继续对每个子区间的两个子区间作随机分割, 并一直如此下去, 直到有某个子区间的长度小于预先给定的值 δ 为止. 那么就叫做区间 J 的完全分割. 为方便起见, 在研究极限性质时, 通常取 $\delta = 1$.

为了便于研究随机分割的性质, 人们通常用树来刻画分割的过程: 将区间 J 对应为根点, 将它的两个子区间分别对应为它的左右两个子点; 再把由子区间所分割出的两个子区间对应为它的左右两个子点; 并一直如此下去, 直到把分割过程中所产生出的所有区间都按照分割关系对应为树上的顶点为止. 按照这种方式所产生出的随机树便称为区间树, 对应于完全分割的称为完全区间树.

人们对区间树的极限性质已经有过不少讨论, 可参见文献 (Itoh and Mahmoud, 2003; Janson, 2004b). 本章的目的就是得出完全区间树上的一系列性质.

8.1　完全区间树的定义

我们所要研究的区间树产生于随机搜索 (参阅文献 (Devroye, 1986; Mahmoud, 1992) 等). 随机搜索中的一个关键步骤就是对区间进行随机分割, 即按照某种分布在区间内部取点, 将区间分为若干个子区间. 一般是在每个子区间内部各取一点, 将其分为两个更小的区间. 如果约定一个下限 $\delta > 0$, 每当某个小区间的长度小于 δ 时, 就停止对这个小区间的分割, 而对其余小区间继续进行随机分割, 直到所有小区间的长度都小于 δ 为止, 通常将这种搜索称为完全随机搜索.

在当前的研究中, 通常采用均匀随机分割, 并且为简单计, 在完全随机搜索中, 通常取 $\delta = 1$. 具体做法如下:

给定一个长度为 x 的区间. 首先按照这个区间中的均匀分布随机选取一点, 将这个区间分成两个一级子区间; 再在每个一级子区间中按照相应区间中的均匀分布分别随机选取一点, 将它们各分为两个二级子区间; 再对每个二级子区间作随机分割, 各分为两个三级子区间; 将这个过程反复进行下去. 如果某个区间的长度小于 1, 就停止对这个区间作进一步的分割, 直到所有区间的长度都小于 1 为止.

　　为了考察所进行的分割次数, 将每个区间对应为一个顶点, 并且按照它们的派生关系连成一个树, 即: 将开始时的长度为 x 的区间对应为根点, 将两个一级子区间对应为根点的子点, 再将由它们所分割出的二级子区间分别对应为它们各自的子点, 如此下去, 所得到的树便称为完全区间树. 显然, 不能继续分割的区间就构成了区间树的叶点.

　　在图 8.1 中, 以 $x = 4$, $\delta = 1$ 为例, 描述了完全区间树的产生过程: 我们以 κ_{ij} 表示第 i 级分割中的第 j 个 (区间中的) 分点的坐标. 在图 8.1 中, 第 1 级分点为 $\kappa_{11} = 2.5$; 第 2 级分点为 $\kappa_{21} = 0.8$ 和 $\kappa_{22} = 3.2$. 此时第 1、第 3 和第 4 个小区间的长度均已小于 1, 所以只需对第 2 个小区间作第 3 级分割, 分点为 $\kappa_{32} = 1.6$.

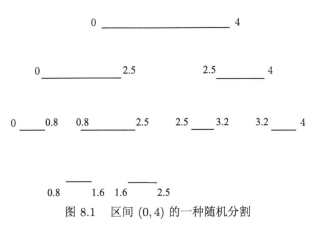

图 8.1　区间 $(0,4)$ 的一种随机分割

　　图 8.2 则为由图 8.1 所示区间分割所生成的完全区间树.

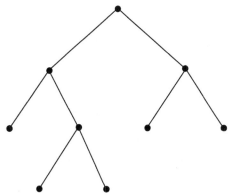

图 8.2　区间 $(0,4)$ 的随机分割所对应的区间树

如果在区间的分割过程中增加各种不同的限制条件, 以停止对某些区间的分割过程, 即: 并不对所有的子区间继续进行分割, 则称为不完全随机搜索. 相应地, 也就得到各种不同性质的不完全区间树. 特别地, 如果按照某种规则, 每次只考虑对新产生的两个子区间进行选择性的继续分割, 只分割其中的一个子区间, 那么所得到的区间树就称为单边区间树.

应当指出, 区间树按照其产生机制可以分为许多不同类型, 除了本节所涉及的类型之外, 还有其他各种类型. 例如: Aldous 和 Pitman(2000) 考察了质量的随机分割问题, 其中的分割过程是利用泊松过程来实现的. 他们也将质量的分割对应为随机树, 产生出一类参数连续的区间树, 并系统地讨论了这类区间树的各种性质.

为方便表述, 下面我们所说的区间树就特指由区间 $(0, x)$ 经随机分割后生成的区间树.

8.2　完全区间树的概率空间与递归方程

当前随机图论研究中的一个常用工具是矩母函数, 它的优点是可以把概率问题转化为相关数学计算问题, 从而可以充分利用分析数学手段, 借以证明相应的概率命题. 但是这种处理手段也有其缺陷, 因为它往往掩盖了问题的概率背景, 回避了区间树所得以定义的概率空间的结构, 从而只能用于弱极限性质的研究, 得到诸如弱大数律、依分布收敛等方面的结果.

强大数律属于强极限性质, 即 a.s. 收敛 (almost sure convergence) 意义下的性质. 为了讨论 S_x 的强极限性质, 需要明确完全区间树所定义的概率空间 $(\Omega, \mathcal{F}, P)$. 对此, 我们给出如下回答.

定理 8.1　完全区间树所得以定义的概率空间 $(\Omega, \mathcal{F}, P)$ 为

$$\Omega = (0, 1)^{\infty}, \quad \mathcal{F} = \mathcal{A}^{\infty}, \quad P = L^{\infty}, \tag{8.1}$$

其中 $\mathcal{A}$ 是区间 $(0, 1)$ 中的 Borel 集的全体, $\mathcal{A}^{\infty} = \mathcal{A} \times \mathcal{A} \times \cdots$; 而 L 表示区间 $(0, 1)$ 上的均匀测度 (即 Lebesgue 测度), $L^{\infty} = L \times L \times \cdots$.

证明　首先, 上述概率空间对应于一列独立同分布的 $U(0, 1)$ 随机变量. 事实上, 如果 $U_1, U_2, \cdots$ 是一列定义在某个概率空间 $(\widetilde{\Omega}, \widetilde{\mathcal{F}}, \widetilde{P})$ 上的独立同分布的 $U(0, 1)$ 随机变量, 那么上述 $P = L^{\infty}$ 就是无穷维随机向量 $(U_1, U_2, \cdots)$ 的分布, 我们记

$$\Omega = \left\{ \omega: \ \omega = \left(U_1(\widetilde{\omega}), U_2(\widetilde{\omega}), \cdots \right) \right\},$$

那么, 就有 $\Omega = (0, 1)^{\infty}$ 和 $\mathcal{F} = \mathcal{A}^{\infty}$. 其次, 完全区间树可以唯一地被定义在这个概率空间上 (以 $\delta = 1$ 为例).

对每个 $\omega \in \Omega$, 我们将之写为

$$\omega = (\omega_{11}, \omega_{21}, \omega_{22}, \omega_{31}, \omega_{32}, \omega_{33}, \omega_{34}, \cdots, \omega_{n1}, \omega_{n2}, \cdots, \omega_{n2^{n-1}}, \cdots).$$

如果再记 $\overline{\omega}_{ij} := 1 - \omega_{ij}$, 那么对每个 $x > 0$, 由区间 $(0, x)$ 出发的产生完全区间树的过程就是: 在每个 ω 上, 第一步, 将区间 $(0, x)$ 分为长度分别为 $\omega_{11}x$ 和 $\overline{\omega}_{11}x$ 的左右两个一级子区间. 由于 U_1 服从区间 $(0, 1)$ 上的均匀分布, 所以在这里, $\omega_{11}x$ 就是按照区间 $(0, x)$ 上的均匀分布选出的随机点. 第二步, 将左一级子区间又分为长度分别为 $\omega_{11}\omega_{21}x$ 和 $\omega_{11}\overline{\omega}_{21}x$ 的左右两个二级子区间, 而把右一级子区间又分为长度分别为 $\overline{\omega}_{11}\omega_{22}x$ 和 $\overline{\omega}_{11}\overline{\omega}_{22}x$ 的左右两个二级子区间. 由于 U_1, U_2, U_3 为独立同分布的 $U(0, 1)$ 随机变量, 所以在这里, $\omega_{11}\omega_{21}x$ 和 $(\omega_{11} + \overline{\omega}_{11}\omega_{22})x$ 就是分别按照区间 $(0, \omega_{11}x)$ 和区间 $(\omega_{11}x, 1)$ 上的均匀分布选出的随机点. 如此下去. 一旦到某一步, 有

$$\widehat{\omega}_{11}\widehat{\omega}_{2j_2} \cdots \widehat{\omega}_{nj_n} \, x < 1,$$

其中 $\widehat{\omega}_{ij}$ 表示 ω_{ij} 或 $\overline{\omega}_{ij}$, 那么相应的区间就停止作进一步的划分. 因此, 每一个 $\omega \in \Omega$ 都对应了一个由区间 $(0, x)$ 所产生的完全区间树, 并且由区间 $(0, x)$ 所产生的完全区间树全部被定义在 Ω 之上. 易知, 我们所述的过程完全与各种文献中所定义的完全区间树的产生过程相一致. 所以 (8.1) 就是完全区间树所定义的概率空间. $\qquad\qquad\square$

作为完全区间树的顶点数目, S_x 当然就是一个定义在该概率空间上的随机变量. 并且在上述意义下, 显然 S_x 在每个 $\omega \in \Omega$ 上都非降, 即有

$$x_1 < x_2 \quad \Longrightarrow \quad S_{x_1}(\omega) \leqslant S_{x_2}(\omega), \quad \forall \, \omega \in \Omega. \tag{8.2}$$

这一点对于我们讨论 S_x 的极限性质十分重要.

如同惯例, 我们的讨论都是对 $\delta = 1$ 进行. 当 $\delta \neq 1$ 时, 只需以 x/δ 取代 x, 我们的结论仍然成立.

根据区间树的构造过程, 我们继续建立了完全区间树的顶点数目 S_x 的递归式.

首先, 与单边区间树的情形类似, 我们有

$$S_1 = 3;$$
$$S_x = 1; \quad 若 \ 0 < x < 1.$$

为了考察 $x \geqslant 1$ 时的情形, 我们将从区间 $(0, x)$ 上随机取出的第一个点记为 U_x, $U_x \sim U(0, x)$. 对于任何固定的 $0 < u < x$, 当 $U_x = u$ 时, 将由区间 $(0, u)$ 出发, 所得到的左边子树的顶点数目记为 $S_u^{(1)}$; 将由区间 (u, x) 出发, 所得到的右边

子树的顶点数目记为 $S_{x-u}^{(2)}$. 由分割法则, 知 $S_u^{(1)}$ 与 $S_{x-u}^{(2)}$ 是相互独立的, 并且

$$S_u^{(1)} \overset{\mathcal{D}}{=} S_u,$$
$$S_{x-u}^{(2)} \overset{\mathcal{D}}{=} S_{x-u}.$$

因此, 我们有

$$S_x|_{U=u} \overset{\mathcal{D}}{=} 1 + S_u^{(1)} + S_{x-u}^{(2)}, \quad \forall\, 0 < u < x,$$

即: 在给定 $U_x = u$ 的条件下, S_x 的条件分布与 $1 + S_u^{(1)} + S_{x-u}^{(2)}$ 的分布相同. 进一步, 我们可以将其表述为 S_x 的如下递归关系式:

$$S_x \overset{\mathcal{D}}{=} S_{U_x} + \widehat{S}_{x-U_x}, \tag{8.3}$$

其中, U_x 服从区间 $(0, x)$ 上的均匀分布, $\widehat{S}_x$ 是 S_x 的一个独立复制.

若记

$$\mathbf{E}S_x := m_1(x),$$
$$\mathbf{E}S_x^2 := m_2(x).$$

显然有

$$m_1(x) = m_2(x) = 1, \quad 0 < x < 1;$$
$$m_1(1) = \mathbf{E}S_1 = 3;$$
$$m_2(1) = 9.$$

我们先来讨论 $x \geqslant 1$ 时的 $m_1(x)$ 和 $m_2(x)$ 的值.

在求解 $m_1(x)$ 和 $m_2(x)$ 时, 我们会涉及一些微分方程的求解问题, 下面这个引理 (参阅文献 (丁同仁和李承治, 1998)) 给出一阶线性微分方程的通解, 而在本节中遇到的也几乎全是一阶线性微分方程, 所以, 我们将其特别列出, 以备后用.

引理 8.1　$y := y(u)$ 是关于 u 的函数, 函数 $f_1(u)$ 和 $f_2(u)$ 在区间 I 上连续, 则一阶线性微分方程

$$\frac{dy}{du} + f_1(u)y = f_2(u) \tag{8.4}$$

的通解为

$$y = e^{-\int f_1(u)du} \left[C + \int f_2(u) e^{\int f_1(u)du} \right],$$

其中, C 是一个任意常数.

证明 我们把 (8.4) 式改写成如下的对称形式:

$$dy + f_1(u)ydu = f_2(u)du. \tag{8.5}$$

一般而言, (8.5) 式不是恰当方程, 但若以因子 $e^{\int f_1(u)du}$ 乘 (8.5) 式两侧, 则可得到方程:

$$e^{\int f_1(u)du}dy + e^{\int f_1(u)du}f_1(u)ydu = e^{\int f_1(u)du}f_2(u)du,$$

即

$$d\left(e^{\int f_1(u)du}y\right) = f_2(u)e^{\int f_1(u)du}du,$$

它是恰当方程, 由此直接积分, 得到

$$e^{\int f_1(u)du}y = \int f_2(u)e^{\int f_1(u)du}du + C,$$

其中, C 是一个任意常数. 这样, 就求出了方程 (8.4) 的通解

$$y = e^{-\int f_1(u)du}\left[C + \int f_2(u)e^{\int f_1(u)du}du\right]. \qquad \square$$

8.3 完全区间树大小的矩

本节中, 我们从递归式出发, 利用微分方程求得了 S_x 的矩, 也为下一节采用压缩法解决极限分布的问题作好准备.

关于 S_x 的期望, 我们有如下结论.

定理 8.2 若 S_x 是完全区间树中顶点的数目, 则

$$\mathbf{E}S_x = m_1(x) = 4x - 1, \quad x \geqslant 1. \tag{8.6}$$

证明 易知

$$\begin{aligned}
m_1(x) &= \mathbf{E}\{\mathbf{E}[S_x|U_x]\} \\
&= \frac{1}{x}\int_0^x \mathbf{E}[S_x|U_x = u]\,du \\
&= 1 + \frac{1}{x}\int_0^x (m_1(u) + m_1(x - u))\,du \\
&= 1 + \frac{2}{x}\int_0^x m_1(u)du.
\end{aligned}$$

两边求导, 得到

$$m_1'(x) = \frac{m_1(x) + 1}{x}.$$

此方程显然是引理 8.1 中所述的一阶线性微分方程, 所以, 它的解为

$$m_1(x) = C_1 x - 1.$$

由初始条件 $m_1(1) = 3$ 可以确定 $C_1 = 4$, 故有

$$\mathbf{E}S_x = m_1(x) = 4x - 1, \quad x \geqslant 1. \qquad \qquad \square$$

定理 8.3　关于 S_x 的方差, 我们有

$$\mathbf{Var}\, S_x = \begin{cases} 32x \ln x - 16x^2 + 8x + 8, & 1 \leqslant x \leqslant 2, \\ (32 \ln 2 - 20)x, & x \geqslant 2. \end{cases} \tag{8.7}$$

证明　先来求 $x \geqslant 1$ 时的 S_x 的二阶矩 $m_2(x)$.

当 $1 \leqslant x \leqslant 2$ 时, 我们有

$$\begin{aligned}
m_2(x) &= \mathbf{E}\{\mathbf{E}[S_x^2 | U_x]\} \\
&= \frac{1}{x} \int_0^x \mathrm{E}\left[S_x^2 | U_x = u\right] du \\
&= 1 + \frac{4}{x} \int_0^x m_1(u) du \\
&\quad + \frac{1}{x} \int_0^x \left(m_2(u) + m_2(x - u) + 2m_1(u)m_1(x - u)\right) du \\
&= 1 + 2m_1(x) - 2 + \frac{2}{x} \int_0^x m_2(u) du \\
&\quad + \frac{2}{x} \int_0^1 m_1(x - u) du + \frac{2}{x} \int_1^x m_1(u) du \\
&= 8x - 3 + \frac{2}{x} \int_0^x m_2(u) du + \frac{2(2 - x)}{x} + \frac{4}{x} \int_1^x (4u - 1) du \\
&= 8x - 3 + \frac{2}{x} \int_0^x m_2(u) du + 8x - 6 \\
&= 16x - 9 + \frac{2}{x} \int_0^x m_2(u) du,
\end{aligned}$$

即有

$$x m_2(x) = 16x^2 - 9x + 2 \int_0^x m_2(u) du.$$

两边关于 x 求导, 从而得到

$$xm_2'(x) = m_2(x) + 32x - 9,$$

此方程也是引理 8.1 中所述的一阶线性微分方程, 解此微分方程, 并由初始条件 $m_2(1) = 9$ 定出常数, 得

$$m_2(x) = 32x \ln x + 9, \quad 1 \leqslant x \leqslant 2.$$

当 $x \geqslant 2$ 时, 我们有

$$
\begin{aligned}
m_2(x) &= \mathbf{E}\{\mathbf{E}[S_x^2|U_x]\} \\
&= \frac{1}{x}\int_0^x \mathbf{E}\left[S_x^2|U_x = u\right] du \\
&= 1 + \frac{4}{x}\int_0^x m_1(u) du \\
&\quad + \frac{1}{x}\int_0^x \left(m_2(u) + m_2(x-u) + 2m_1(u)m_1(x-u)\right) du \\
&= 1 + 2m_1(x) - 2 + \frac{2}{x}\int_0^x m_2(u) du \\
&\quad + \frac{2}{x}\int_0^1 m_1(x-u) du + \frac{2}{x}\int_{x-1}^x m_1(u) du \\
&\quad + \frac{2}{x}\int_1^{x-1} (4u-1)(4x-4u-1) du \\
&= 8x - 3 + \frac{2}{x}\int_0^x m_2(u) du + \frac{4}{x}\int_{x-1}^x (4u-1) du \\
&\quad + \frac{2}{x}\int_1^{x-1} (4u-1)(4x-4u-1) du \\
&= 8x - 3 + \frac{2}{x}\int_0^x m_2(u) du \\
&\quad + 16 - \frac{12}{x} + \frac{16}{3}x^2 - 8x - 14 + \frac{52}{3x} \\
&= \frac{16}{3}x^2 - \frac{16}{3x} - 1 + \frac{2}{x}\int_0^x m_2(u) du,
\end{aligned}
$$

即有

$$xm_2(x) = \frac{16}{3}x^3 - \frac{16}{3} - x + 2\int_0^x m_2(u) du.$$

等式两边关于变量 x 求导, 从而得到一阶线性微分方程

$$xm_2'(x) = m_2(x) + 16x^2 - 1.$$

由引理 8.1 立得其通解为

$$m_2(x) = 16x^2 + C_2 x + 1,$$

其中, C_2 为任意常数. 由 $m_2(2) = 64 \ln 2 + 9$, 定出常数 $C_2 = 32 \ln 2 - 28$, 知

$$m_2(x) = 16x^2 + (32 \ln 2 - 28)x + 1, \quad x \geqslant 2.$$

综合上述结果, 我们得到

$$m_2(x) = \begin{cases} 32x \ln x + 9, & 1 \leqslant x \leqslant 2, \\ 16x^2 + (32 \ln 2 - 28)x + 1, & x \geqslant 2. \end{cases}$$

结合 (8.6) 式, 即得 (8.7) 式. □

为了得到随机变量 S_x 的渐近正态性, 我们还要来计算 S_x 的四阶中心矩 $\mathbf{E}(S_x - \mathbf{E}(S_x))^4$, 确定当 $x \to \infty$ 时它的阶.

定理 8.4　若 S_x 为完全区间树中顶点的数目, 则我们有

$$\mathbf{E}(S_x - \mathbf{E}[S_x])^4 = O(x^2), \quad x \to \infty.$$

证明　由 S_x 的递归关系式 (8.3), 容易看出, 对任意给定的 $U_x = u, u \in (0, x)$, 我们有

$$
(S_x - \mathbf{E}[S_x])\,|_{U_x = u}
$$
$$
\stackrel{\mathcal{D}}{=} \begin{cases} (S_u - \mathbf{E}[S_u]) + \left(\widehat{S}_{x-u} - \mathbf{E}[\widehat{S}_{x-u}] \right), & 1 \leqslant u \leqslant x - 1, \\ \widehat{S}_{x-u} - \mathbf{E}[\widehat{S}_{x-u}] - (4u - 2), & 0 < u < 1, \\ S_u - \mathbf{E}[S_u] - [4(x - u) - 2], & x - 1 < u < x, \end{cases} \tag{8.8}
$$

其中, $U_x = u$ 为在区间分割过程中, 从区间 $(0, x)$ 中随机取出的第一个点. 于是, 对任意 $x \geqslant 1$, 若记

$$\begin{cases} T_x := S_x - \mathbf{E}[S_x], \\ T_x^* := \widehat{S}_x - \mathbf{E}[\widehat{S}_x], \end{cases}$$

则有

$$
T_x|_{U_x = u} \stackrel{\mathcal{D}}{=} \begin{cases} T_u + T_{x-u}^*, & 1 \leqslant u \leqslant x - 1, \\ T_{x-u}^* - (4u - 2), & 0 < u < 1, \\ T_t - [4(x - u) - 2], & x - 1 < u < x. \end{cases}
$$

为了得到定理 8.4 中所述 $\mathbf{E}T_x^4$ 的阶, 我们需要先来计算 $\mathbf{E}T_x^3$. 当 $x > 3$ 时, 我们有

$$\mathbf{E}[T_x]^3 = \mathbf{E}\left[\mathbf{E}(T_x^3 | U_x)\right]$$

$$= \frac{1}{x} \int_0^1 \mathbf{E}\left[T_{x-u} - (4u-2)\right]^3 du$$

$$+ \frac{1}{x} \int_{x-1}^x \mathbf{E}\left\{T_u - [4(x-u) - 2]\right\}^3 du$$

$$+ \frac{1}{x} \int_1^{x-1} \mathbf{E}\left[T_u + T_{x-u}^*\right]^3 du$$

$$= \frac{2}{x} \int_{x-1}^x \mathbf{E}\left\{T_u - [4(x-u) - 2]\right\}^3 du$$

$$+ \frac{1}{x} \int_1^{x-1} \mathbf{E}\left[T_u + T_{x-u}^*\right]^3 du$$

$$= \left(-\frac{2}{x} \int_{x-1}^x [4(x-u) - 2]^3 du + \frac{6}{x} \int_{x-1}^x [4(x-u) - 2]^2 \mathbf{E}[T_u] du\right.$$

$$\left. - \frac{6}{x} \int_{x-1}^x [4(x-u) - 2] \mathbf{E}[T_u^2] du + \frac{2}{x} \int_{x-1}^x \mathbf{E}[T_u^3] du\right)$$

$$+ \frac{1}{x} \int_1^{x-1} \left(\mathbf{E}[T_u]^3 + 3\mathbf{E}[(T_u)^2 T_{x-u}^*] + 3\mathbf{E}[T_u (T_{x-u}^*)^2] + \mathbf{E}[T_{x-u}^*]^3\right) du.$$

因为 T_u 和 T_{x-u}^* 相互独立, 且对任意 $1 \leqslant u \leqslant x-1$,

$$\mathbf{E}[T_u] = \mathbf{E}[T_u^*] = 0.$$

所以, 我们有

$$\mathbf{E}[T_x]^3 = -\frac{2}{x} \int_{x-1}^x [4(x-u) - 2]^3 du - \frac{6}{x} \int_{x-1}^x [4(x-u) - 2] \mathbf{E}[T_u^2] du$$

$$+ \frac{2}{x} \int_{x-1}^x \mathbf{E}[T_u^3] du + \frac{2}{x} \int_1^{x-1} \mathbf{E}[T_u^3] du$$

$$= -\frac{2}{x} \int_{x-1}^x [4(x-u) - 2]^3 du - \frac{6}{x} \int_{x-1}^x [4(x-u) - 2] \mathbf{E}[T_u^2] du$$

$$+ \frac{2}{x} \int_1^x \mathbf{E}[T_u^3] du$$

$$:= M_1 + M_2 + \frac{2}{x} \int_1^x \mathbf{E}[T_u^3] du,$$

其中,

$$M_1 := -\frac{2}{x} \int_{x-1}^x [4(x-u) - 2]^3 du,$$

$$M_2 := -\frac{6}{x} \int_{x-1}^x [4(x-u) - 2] \mathbf{E}[T_u^2] du.$$

显然,

$$M_1 = -\frac{1}{2x} \int_{-2}^{2} u^3 du = 0.$$

当 $x > 3$ 时, 我们有

$$\begin{aligned}
M_2 &= -\frac{6}{x} \int_{x-1}^{x} [4(x-u)-2]\mathbf{Var}[S_u]du \\
&= -\frac{6}{x} \int_{x-1}^{x} [4(x-u)-2][(32\ln 2 - 20)u]du \\
&= -\frac{6(32\ln 2 - 20)}{x} \int_{0}^{1} (4u-2)(x-u)du \\
&= \frac{2(32\ln 2 - 20)}{x}.
\end{aligned}$$

所以, 综合 M_1 和 M_2 的结果, 我们有

$$\mathbf{E}[T_x^3] = \frac{2}{x} \int_{1}^{x} \mathbf{E}[T_u^3]du + \frac{2(32\ln 2 - 20)}{x}, \quad x > 3,$$

即

$$x\mathbf{E}[T_x^3] = 2\int_{1}^{x} \mathbf{E}[T_u^3]du + 2(32\ln 2 - 20), \quad x > 3.$$

对上式两侧关于变量 x 求导, 则得到如下一阶线性微分方程:

$$(\mathbf{E}[T_x^3])' - \frac{1}{x}\mathbf{E}[T_x^3] = 0, \quad x > 3.$$

由引理 8.1 即得其通解为

$$\mathbf{E}[T_x^3] = k_0 x, \quad x > 3, \tag{8.9}$$

其中, k_0 为常数.

按照类似的方法, 我们可以同样地来处理 $\mathbf{E}[T_x]^4$, 当 $x > 4$ 时, 我们有

$$\begin{aligned}
\mathbf{E}[T_x]^4 &= \frac{2}{x} \int_{x-1}^{x} \mathbf{E}\left\{T_u - [4(x-u)-2]\right\}^4 du \\
&\quad + \frac{1}{x} \int_{1}^{x-1} \mathbf{E}\left[T_u + T_{x-u}^*\right]^4 du.
\end{aligned}$$

因为随机变量 T_u 和 T_{x-u}^* 相互独立, 且对任意 $1 \leqslant t \leqslant x-1$,

$$\mathbf{E}T_u = 0,$$

所以, 我们有

$$
\begin{aligned}
\mathbf{E}[T_x]^4 =& \frac{2}{x}\int_{x-1}^{x}[4(x-u)-2]^4 du \\
&+\frac{12}{x}\int_{x-1}^{x}[4(x-u)-2]^2\mathbf{E}[T_u^2]du \\
&-\frac{8}{x}\int_{x-1}^{x}[4(x-u)-2]\mathbf{E}[T_u^3]du+\frac{2}{x}\int_{x-1}^{x}\mathbf{E}[T_u^4]du \\
&+\frac{1}{x}\int_{1}^{x-1}\left(\mathbf{E}[T_u^4]+\mathbf{E}[T_{x-u}^*]^4+6\mathbf{E}\left[T_uT_{x-u}^*\right]^2\right)du \\
=& \frac{2}{x}\int_{x-1}^{x}[4(x-u)-2]^4 du \\
&+\frac{12}{x}\int_{x-1}^{x}[4(x-u)-2]^2\mathbf{E}[T_u^2]du \\
&-\frac{8}{x}\int_{x-1}^{x}[4(x-u)-2]\mathbf{E}[T_u^3]du \\
&+\frac{2}{x}\int_{1}^{x}\mathbf{E}[T_u]^4 du \\
&+\frac{6}{x}\int_{1}^{x-1}\mathbf{E}\left[T_uT_{x-u}^*\right]^2 du \\
:=& M_3+M_4+M_5+M_6+M_7,
\end{aligned}
$$

其中,

$$
\begin{aligned}
M_3 :=& \frac{2}{x}\int_{x-1}^{x}[4(x-u)-2]^4 du, \\
M_4 :=& \frac{12}{x}\int_{x-1}^{x}[4(x-u)-2]^2\mathbf{E}[T_u^2]du, \\
M_5 :=& -\frac{8}{x}\int_{x-1}^{x}[4(x-u)-2]\mathbf{E}[T_u^3]du, \\
M_6 :=& \frac{2}{x}\int_{1}^{x}\mathbf{E}[T_u]^4 du, \\
M_7 :=& \frac{6}{x}\int_{1}^{x-1}\mathbf{E}\left[T_uT_{x-u}^*\right]^2 du.
\end{aligned}
$$

下面我们来分别计算 M_3, M_4, M_5, M_7. 首先, 对 M_3, 通过简单的积分计算, 即得

$$
M_3=\frac{32}{5x}.
$$

对于 M_4, 当 $x > 3$ 时, 我们有

$$
\begin{aligned}
M_4 &= \frac{12}{x} \int_{x-1}^{x} [4(x-u) - 2]^2 \mathbf{E}[T_u^2] du \\
&= \frac{12}{x} \int_{x-1}^{x} [4(x-u) - 2]^2 \mathbf{Var}[S_u] du \\
&= \frac{12}{x} \int_{x-1}^{x} [4(x-u) - 2]^2 [(32 \ln 2 - 20)u] du \\
&= \frac{12(32 \ln 2 - 20)}{x} \int_{0}^{1} (4u - 2)^2 (x - u) du \\
&= \frac{48}{3} (32 \ln 2 - 20) - \frac{24(32 \ln 2 - 20)}{3x} \\
&:= 12k_1 - \frac{6k_1}{x},
\end{aligned}
$$

其中,

$$
k_1 := 4(32 \ln 2 - 20)/3
$$

为一常数.

对于 M_5, 当 $x > 4$ 时, 我们有

$$
\begin{aligned}
M_5 &= -\frac{8}{x} \int_{x-1}^{x} [4(x-u) - 2] \mathbf{E}[T_u^3] du \\
&= -\frac{8}{x} \int_{x-1}^{x} [4(x-u) - 2] k_0 u du \\
&= -\frac{8k_0}{x} \int_{0}^{1} (4u - 2)(x - u) du \\
&= \frac{8k_0}{3x},
\end{aligned}
$$

其中, 常数 k_0 与前同.

对于 M_7, 当 $x > 4$ 时, 我们有

$$
\begin{aligned}
M_7 &= \frac{6}{x} \int_{1}^{x-1} \mathbf{E}\left[T_u T_{x-u}^*\right]^2 du \\
&= \frac{6}{x} \int_{1}^{2} \mathbf{E}[T_u^2] \mathbf{E}[T_{x-u}^*]^2 du + \frac{6}{x} \int_{x-2}^{x-1} \mathbf{E}[T_u^2] \mathbf{E}[T_{x-u}^*]^2 du \\
&\quad + \frac{6}{x} \int_{2}^{x-2} \mathbf{E}[T_u^2] \mathbf{E}[T_{x-u}^*]^2 du \\
&= \frac{12}{x} \int_{1}^{2} \mathbf{E}[T_u^2] \mathbf{E}[T_{x-u}^*]^2 du + \frac{6}{x} \int_{2}^{x-2} \mathbf{E}[T_u^2] \mathbf{E}[T_{x-u}^*]^2 du.
\end{aligned}
$$

由 (8.7) 和等式 $\mathbf{E}[T_t^2] = \mathbf{Var}[S_t]$, 我们有

$$\int_1^{x-1} \mathbf{E}[T_u^2]\mathbf{E}[T_{x-u}^*]^2 du$$

$$= 2\int_1^2 (32u\ln u - 16u^2 + 8u + 8)((32\ln 2 - 20)(x - u))du$$

$$+ \int_2^{x-2} ((32\ln 2 - 20)u)((32\ln 2 - 20)(x - u))du$$

$$= \frac{1}{6}(32\ln 2 - 20)^2 x^3 - \frac{4}{3}(32\ln 2 - 20)^2 x^2$$

$$+ \frac{1}{3}(32\ln 2 - 20)(256\ln 2 - 168)x + \frac{16}{9}(32\ln 2 - 20)$$

$$:= a_3 x^3 + a_2 x^2 + a_1 x + a_0,$$

其中,

$$a_0 := \frac{16}{9}(32\ln 2 - 20);$$

$$a_1 := \frac{1}{3}(32\ln 2 - 20)(256\ln 2 - 168);$$

$$a_2 := -\frac{4}{3}(32\ln 2 - 20)^2;$$

$$a_3 := \frac{1}{6}(32\ln 2 - 20)^2.$$

于是, 我们有

$$\mathbf{E}[T_x]^4 = \frac{2}{x}\int_1^x \mathbf{E}[T_u]^4 du + M_3 + M_4 + M_5 + M_7, \quad x > 4.$$

此即

$$x\mathbf{E}[T_x^4] = 2\int_1^x \mathbf{E}[T_u]^4 du + (M_3 + M_4 + M_5 + M_7)x, \quad x > 4.$$

对上式两侧关于变量 x 求导, 则得到如下一阶线性微分方程:

$$(\mathbf{E}T_x^4)' - \frac{1}{x}\mathbf{E}T_x^4 = 12\frac{k_1}{x} + 6\left(3a_3 x + 2a_2 + a_1\frac{1}{x}\right), \quad x > 4.$$

由引理 8.1 得其通解为

$$\mathbf{E}T_x^4 = 18a_3 x^2 + 12a_2 x\ln x + C_3 x - 6a_1 - 12k_1, \quad x > 4,$$

其中, k_1, a_1, a_2, a_3 是前面所述的常数, C_3 也是常数. 由此, 我们即得定理所述结论. □

8.4　完全区间树的极限定理

1. 完全区间树的大数律

现在, 我们已经建立了完全区间树的概率空间, 也准确计算出了 S_x 的期望和方差, 在本节中, 基于以上两节的结论, 我们来研究完全区间树上 S_x 的弱大数律和强大数律.

首先, S_x 的弱大数律极易证得如下结论.

定理 8.5　当 $x \to \infty$ 时, 我们有

$$\frac{S_x}{x} \xrightarrow{\mathcal{P}} 4;$$ (8.10)

事实上, 我们更一般地有

$$\frac{S_x - 4x}{x^r} \xrightarrow{\mathcal{P}} 0, \quad \forall \, r > \frac{1}{2}.$$ (8.11)

证明　显然, 只需分别证明

$$\frac{S_x}{4x - 1} \xrightarrow{\mathcal{P}} 1$$

和

$$\frac{S_x - 4x + 1}{x^r} \xrightarrow{\mathcal{P}} 0, \quad \forall \, r > \frac{1}{2}.$$

任给 $\varepsilon > 0$, 由 (8.6) 式和 Chebyshev 不等式, 即得

$$\mathbf{P}\left(\left| \frac{S_x}{4x - 1} - 1 \right| > \varepsilon \right) = \mathbf{P}\left(\left| \frac{S_x - (4x - 1)}{4x - 1} \right| > \varepsilon \right)$$
$$= \mathbf{P}\left(\left| \frac{S_x - \mathbf{E}S_x}{4x - 1} \right| > \varepsilon \right)$$
$$\leqslant \frac{\mathbf{Var}S_x}{\varepsilon^2 (4x - 1)^2}.$$

结合 (8.7) 式, 得知

$$\lim_{x \to \infty} \mathbf{P}\left(\left| \frac{S_x}{4x - 1} - 1 \right| > \varepsilon \right) \leqslant \lim_{x \to \infty} \frac{\mathbf{Var}S_x}{\varepsilon^2 (4x - 1)^2}$$
$$\leqslant \frac{32 \ln 2 - 20}{\varepsilon^2} \lim_{x \to \infty} \frac{x}{(4x - 1)^2}$$
$$= 0.$$

而对任何 $r > \dfrac{1}{2}$, 我们还有

$$\lim_{x \to \infty} \mathbf{P}\left(\left|\frac{S_x - 4x + 1}{x^r}\right| > \varepsilon\right) \leqslant \lim_{x \to \infty} \frac{\mathbf{Var} S_x}{\varepsilon^2 x^{2r}}$$

$$\leqslant \frac{32 \ln 2 - 20}{\varepsilon^2} \lim_{x \to \infty} x^{1-2r}$$

$$= 0.$$

故知定理的结论成立. □

下面来讨论 S_x 的强大数律.

定理 8.6 当 $x \to \infty$ 时, 我们有

$$\frac{S_x - 4x}{x} \xrightarrow{\text{a.s.}} 0,$$

更进一步, 对任何 $r > \dfrac{2}{3}$, 我们都有

$$\frac{S_x - 4x}{x^r} \xrightarrow{\text{a.s.}} 0. \tag{8.12}$$

证明 只需证明: 当 $x \to \infty$ 时, 对任何 $\dfrac{2}{3} < r \leqslant 1$, 有

$$\frac{S_x - 4x + 1}{x^r} \xrightarrow{\text{a.s.}} 0.$$

对任意给定的 $2/3 < r \leqslant 1$, 取 $\dfrac{1}{2r-1} < s < \dfrac{1}{1-r}$, 记 $k_n := \lfloor n^s \rfloor + 1$, 其中 $\lfloor x \rfloor$ 表示小于实数 x 的最大整数. 任意给定 $\varepsilon > 0$, 记 $d := (32 \ln 2 - 20)/\varepsilon^2$. 由 (8.7) 式, 知

$$\mathbf{P}\left(\left|\frac{S_{k_n} - 4k_n + 1}{k_n^r}\right| > \varepsilon\right) \leqslant \frac{\mathbf{Var} S_{k_n}}{\varepsilon^2 k_n^{2r}} = \frac{d}{k_n^{2r-1}} \leqslant \frac{d}{n^{(2r-1)s}},$$

由于 $(2r-1)s > 1$, 所以

$$\sum_{n=1}^{\infty} P\left(\left|\frac{S_{k_n} - 4k_n + 1}{k_n^r}\right| > \varepsilon\right) \leqslant \sum_{n=1}^{\infty} \frac{d}{n^{(2r-1)s}} < \infty.$$

由 $\varepsilon > 0$ 的任意性和 Borel-Cantelli 引理, 知

$$\frac{S_{k_n} - 4k_n + 1}{k_n^r} \xrightarrow{\text{a.s.}} 0. \tag{8.13}$$

由 (8.2) 式, 对每个 $\omega \in \Omega$(见定理 3.7), $S_x(\omega)$ 都非降, 所以当 $k_n \leqslant x < k_{n+1}$ 时, 有

$$\frac{S_x - 4x + 1}{x} \leqslant \frac{S_{k_{n+1}} - 4k_n + 1}{k_n^r}$$

$$= \frac{k_{n+1}^r}{k_n^r} \cdot \frac{S_{k_{n+1}} - 4k_{n+1} + 1}{k_{n+1}^r} + \frac{4(k_{n+1} - k_n)}{k_n^r};$$

$$\frac{S_x - 4x + 1}{x} \geqslant \frac{S_{k_n} - 4k_{n+1} + 1}{k_{n+1}^r}$$

$$= \frac{k_n^r}{k_{n+1}^r} \cdot \frac{S_{k_n} - 4k_n + 1}{k_n^r} - \frac{4(k_{n+1} - k_n)}{k_{n+1}^r}.$$

由微分中值定理可知, 对任何 n, 都存在 $n < \eta_n < n+1$, 使得

$$\frac{k_{n+1} - k_n}{k_n^r} \leqslant \frac{(n+1)^s - n^s + 1}{n^{sr}}$$

$$= \frac{1}{n^{sr}} + \frac{s\,\eta_n^{s-1}}{n^{sr}}$$

$$< \frac{1}{n^{sr}} + \frac{s(n+1)^s}{n^{sr+1}},$$

由于 $sr + 1 > s$, 所以

$$\lim_{n\to\infty} \frac{k_{n+1} - k_n}{k_n^r} = 0,$$

将上述事实与 (8.13) 式相结合, 并注意到 $\lim\limits_{n\to\infty} \frac{k_n}{k_{n+1}} = 1$, 即得 (8.12) 式.　□

2. 完全区间树的极限分布

基于上述的一些结论, 我们采用压缩法来考察 S_x 的极限分布, 通过 5.3 节关于压缩法的简单介绍, 我们知道, 压缩法适合用来处理满足特定递归关系式 (5.5) 的离散随机变量的极限分布问题. 虽然 S_x 也具有类似压缩法所要求的递归关系式, 但是, S_x 却是连续型随机变量, 这就给我们运用压缩法带来了一定的困难, 值得庆幸的是, 经过适当的修正, 还是可以用压缩法来证明 S_x 的渐近正态性.

类似 2.1 节处理随机二叉搜索树中叶点的数目 X_n 的情况, 我们仍然使用 3 阶 Zolotarev 距离 ζ_3, 作为压缩法操作中的理想距离, 其定义如 (2.15) 所示, 并具有引理 2.1 中的四条性质.

为求 S_x 的极限分布, 我还需介绍另外一个引理. 若 Z 是均值为 0、方差为 $\sigma^2 > 0$ 的正态分布随机变量 (即 $\mathcal{L}(Z) = \mathcal{N}(0, \sigma^2)$), Z_1 和 Z_2 都是 Z 的独立复制, 且相互独立, 不难验证, 对任意 $u \in [0,1]$,

$$Z \overset{\mathcal{D}}{=} Z_1 \sqrt{u} + Z_2 \sqrt{1-u}.$$

更一般地, 我们如下结论.

引理 8.2

$$Z \overset{\mathcal{D}}{=} Z_1 \sqrt{U} + Z_2 \sqrt{1-U}, \tag{8.14}$$

其中, U 服从区间 $[0,1]$ 上的均匀分布, 且 U, Z, Z_1, Z_2 也是相互独立的.

证明 对任意 $u \in [0,1]$, 我们有

$$
\begin{aligned}
\mathbf{E} \exp\left\{ \mathrm{it}(\sqrt{u}Z_1 + \sqrt{1-u}\,Z_2) \right\} &= \mathbf{E} \exp\left\{ \mathrm{it}(\sqrt{u}Z_1 + \sqrt{1-u}\,Z_2) \right\} \\
&= \mathbf{E}e^{\mathrm{i}(t\sqrt{u})Z_1} \mathbf{E}e^{\mathrm{i}(t\sqrt{1-u})Z_2} \\
&= \exp\left\{ -\frac{ut^2}{2} \right\} \exp\left\{ -\frac{(1-u)t^2}{2} \right\} \\
&= \exp\left\{ -\frac{t^2}{2} \right\},
\end{aligned}
$$

所以

$$
\begin{aligned}
\mathbf{E} \exp\left\{ \mathrm{it}(\sqrt{U}Z_1 + \sqrt{1-U}\,Z_2) \right\} &= \int_0^1 \mathbf{E} \exp\left\{ \mathrm{it}(\sqrt{u}Z_1 + \sqrt{1-u}\,Z_2) \right\} du \\
&= \int_0^1 \exp\left\{ -\frac{t^2}{2} \right\} du \\
&= \exp\left\{ -\frac{t^2}{2} \right\}.
\end{aligned}
$$

这就表明, 引理中等式两边的随机变量有相同的母函数, 所以, 它们是同分布的.

$\square$

下面我们来证明本节中的主要结论, 即 S_x 的渐近正态性质.

定理 8.7 S_x 表示完全区间树中顶点的数目, 则当 $x \to \infty$ 时, 有

$$\frac{S_x - \mathbf{E}S_x}{\sqrt{\mathbf{Var}S_x}} \overset{\mathcal{D}}{\longrightarrow} \mathcal{N}(0,1).$$

证明 我们首先对 S_x 进行正则化, 记

$$S_x^* := \frac{S_x - (4x-1)}{\sqrt{(32\ln 2 - 20)x}}, \quad x > 0. \tag{8.15}$$

同时, 为方便表述, 令

$$h(x) := \sqrt{\frac{32x\ln x - 16x^2 + 8x + 8}{(32\ln 2 - 20)x}}, \quad x > 0.$$

则由定理 8.2 和定理 8.3, 我们有

$$
S_x^* = \begin{cases} (S_x - \mathbf{E}\, S_x)/\sqrt{\mathbf{Var}\, S_x}, & x \geqslant 2, \\ (S_x - \mathbf{E}\, S_x)/\sqrt{\mathbf{Var}\, S_x} \cdot h(x), & 1 \leqslant x < 2, \\ (2 - 4x)/\sqrt{(32\ln 2 - 20)x}, & 0 < x < 1. \end{cases} \tag{8.16}
$$

容易看出:

(1) 当 $x \geqslant 2$ 时, S_x^* 的期望为 0, 方差为 1;

(2) 当 $0 < x < 2$ 时, S_x^* 的期望为 0, 方差却不为 1.

如推论 2.1 所述, 对任意随机变量 V_1 和 V_2,

$$
\zeta_3(V_1, V_2) < \infty \iff \begin{cases} \mathbf{E}|V_1|^3 + \mathbf{E}|V_2|^3 < \infty, \\ \mathbf{E}V_1 = \mathbf{E}V_2, \quad \mathbf{Var}V_1 = \mathbf{Var}V_2. \end{cases}
$$

并且, 由定理 8.4, 当 $x \geqslant 4$ 时, $\mathbf{E}|S_x^*|^3$ 显然是有限的, 当 $0 < x < 4$ 时, 由有限区间生成的完全区间树的大小显然也是依概率有限的, 所以, 我们有

(1) 当 $x \geqslant 2$ 时, $\zeta_3(S_x^*, Z) < \infty$;

(2) 当 $0 < x < 2$ 时, $\zeta_3(S_x^*, Z) < \infty$.

鉴于这种情况, 在我们后面的证明中就需要作出适当的调整.

由 (Rachev, 1991) 中的不等式, 对任意期望为 0、方差为 1 且三阶矩有限的随机变量 V_1 和 V_2,

$$
\zeta_3(V_1, V_2) \leqslant \frac{\Gamma(2)}{\Gamma(4)} \int_{\mathcal{R}} |t|^3 d\,|\mathbf{P}(V_1 < t) - \mathbf{P}(V_2 < t)|,
$$

其中, $\Gamma(x)$ 为 Gamma 函数. 此外, 由定理 8.4 我们有

$$
\sup_{x \geqslant 4} \mathbf{E}(S_x^*)^4 < \infty,
$$

所以, $\sup\limits_{x \geqslant 4} \mathbf{E}|S_x^*|^3$ 也必然是有限的. 于是, 存在常数 $C^* > 0$ 使得

$$
\sup_{x \geqslant 4} \zeta_3(S_x^*, Z) \leqslant C^* \left(\sup_{x \geqslant 4} \mathbf{E}|S_x^*|^3 + \mathbf{E}|Z|^3 \right) < \infty, \tag{8.17}
$$

其中, 随机变量 Z 的分布为标准正态分布 $\mathcal{N}(0,1)$.

若记

$$
\beta := 1 + \sup_{x \geqslant 4} \zeta_3(S_x^*, Z),
$$

$$\widetilde{\zeta}_3(X,Z) := \begin{cases} \zeta_3(X,Z), & \zeta_3(X,Z) < \infty, \\ \beta, & \zeta_3(X,Z) = \infty, \end{cases}$$

$$\theta_x := \widetilde{\zeta}_3(S_x^*, Z),$$

则显然 θ_x 是有限的, 且

$$0 \leqslant \theta^* := \limsup_{x\to\infty} \theta_x \leqslant \beta < \infty.$$

于是, 由定理 2.11, 下面我们只要证明 $\theta^* = 0$, 即表明定理 8.7 成立.

当 $x \geqslant 4$ 时, 由 (8.8) 式和 (8.16) 式, 我们有

$$S_x^*|_{U_x=u} = \frac{S_x - (4x-1)}{\sqrt{(32\ln 2 - 20)x}}\bigg|_{U_x=u}$$

$$\overset{\mathscr{D}}{=} \begin{cases} \dfrac{S_u - \mathbf{E}[S_u]}{\sqrt{(32\ln 2 - 20)x}} + \dfrac{\widehat{S}_{x-u} - \mathbf{E}[\widehat{S}_{x-u}]}{\sqrt{(32\ln 2 - 20)x}}, & 2 \leqslant u \leqslant x-2, \\[3mm] \dfrac{S_t - \mathbf{E}[S_u]}{\sqrt{(32\ln 2 - 20)x}} + \dfrac{\widehat{S}_{x-u} - \mathbf{E}[\widehat{S}_{x-u}]}{\sqrt{(32\ln 2 - 20)x}}, & 1 \leqslant u < 2, \\[3mm] \dfrac{S_t - \mathbf{E}[S_u]}{\sqrt{(32\ln 2 - 20)x}} + \dfrac{\widehat{S}_{x-u} - \mathbf{E}[\widehat{S}_{x-u}]}{\sqrt{(32\ln 2 - 20)x}}, & x-2 < u \leqslant x-1, \\[3mm] \dfrac{\widehat{S}_{x-u} - \mathbf{E}[\widehat{S}_{x-u}] - (4u-2)}{\sqrt{(32\ln 2 - 20)x}}, & 0 < u < 1, \\[3mm] \dfrac{S_u - \mathbf{E}[S_u] - [4(x-u)-2]}{\sqrt{(32\ln 2 - 20)x}}, & x-1 < u < x \end{cases}$$

$$\overset{\mathscr{D}}{=} \begin{cases} S_u^* \sqrt{\dfrac{u}{x}} + \widehat{S}_{x-u}^* \sqrt{\dfrac{x-u}{x}}, & 2 \leqslant u \leqslant x-2, \\[3mm] S_u^* h(u) \sqrt{\dfrac{u}{x}} + \widehat{S}_{x-u}^* \sqrt{\dfrac{x-u}{x}}, & 1 \leqslant u < 2, \\[3mm] S_u^* \sqrt{\dfrac{u}{x}} + \widehat{S}_{x-u}^* h(x-u) \sqrt{\dfrac{x-u}{x}}, & x-2 < u \leqslant x-1, \\[3mm] \widehat{S}_{x-u}^* \sqrt{\dfrac{x-u}{x}} - \dfrac{4u-2}{\sqrt{(32\ln 2 - 20)x}}, & 0 < u < 1, \\[3mm] S_u^* \sqrt{\dfrac{u}{x}} - \dfrac{4(x-u)-2}{\sqrt{(32\ln 2 - 20)x}}, & x-1 < u < x, \end{cases}$$

其中, $U_x = u$ 是区间分割过程中从区间 $(0,x)$ 中随机取得的第一个点, $\{\widehat{S}_x^*,\ x > 0\}$ 是 $\{S_x^*,\ x > 0\}$ 的独立复制.

令 $U := \dfrac{U_x}{x}$, 则 $U \sim U(0,1)$, 上式便可以改写为

$$
S_x^* |_{U=u} = \frac{S_x - (4x-1)}{\sqrt{(32\ln 2 - 20)x}}\bigg|_{U=u}
$$

$$
\overset{d}{=}
\begin{cases}
S_{ux}^* \sqrt{u} + \widehat{S}_{(1-u)x}^* \sqrt{1-u}, & \dfrac{2}{x} \leqslant u \leqslant 1 - \dfrac{2}{x}, \\[3mm]
S_{ux}^* h(ux)\sqrt{u} + \widehat{S}_{(1-u)x}^* \sqrt{1-u}, & \dfrac{1}{x} \leqslant u < \dfrac{2}{x}, \\[3mm]
S_{ux}^* \sqrt{u} + \widehat{S}_{(1-u)x}^* h((1-u)x)\sqrt{1-u}, & 1 - \dfrac{2}{x} < u \leqslant 1 - \dfrac{1}{x}, \\[3mm]
\widehat{S}_{(1-u)x}^* \sqrt{1-u} - \dfrac{4ux - 2}{\sqrt{(32\ln 2 - 20)x}}, & 0 < u < \dfrac{1}{x}, \\[3mm]
S_{ux}^* \sqrt{u} - \dfrac{4(1-u)x - 2}{\sqrt{(32\ln 2 - 20)x}}, & 1 - \dfrac{1}{x} < u < 1.
\end{cases}
\tag{8.18}
$$

于是, 由 β, θ_x 和 $\widetilde{\zeta}_3$ 的定义, 我们有, 当 $x > 4$ 时,

$$
\begin{aligned}
\theta_x &= \widetilde{\zeta}_3(S_x^*, Z) = \beta \wedge \zeta_3(S_x^*, Z) \\
&= \beta \wedge \sup\left\{ |\mathbf{E}f(S_x^*) - \mathbf{E}f(Z)| : \ f \in \mathfrak{F}_1^{(2)} \right\} \\
&\leqslant \int_0^{\frac{2}{x}} \beta du + \int_{1-\frac{2}{x}}^1 \beta du \\
&\quad + \int_{\frac{2}{x}}^{1-\frac{2}{x}} \zeta_3\left(S_{xu}^* \sqrt{u} + \widehat{S}_{x(1-u)}^* \sqrt{1-u}, \ Z_1\sqrt{u} + Z_2\sqrt{1-u} \right) du
\end{aligned}
$$

(由(8.14)式及(8.18)式)

$$
\begin{aligned}
&\leqslant \frac{4\beta}{x} + \int_{\frac{2}{x}}^{1-\frac{2}{x}} \zeta_3\left(S_{xu}^* \sqrt{u} + \widehat{S}_{x(1-u)}^* \sqrt{1-u}, \ Z_1\sqrt{u} + \widehat{S}_{x(1-u)}^* \sqrt{1-u} \right) du \\
&\quad + \int_{\frac{2}{x}}^{1-\frac{2}{x}} \zeta_3\left(Z_1\sqrt{u} + \widehat{S}_{x(1-u)}^* \sqrt{1-u}, \ Z_1\sqrt{u} + Z_2\sqrt{1-u} \right) du \\
&\leqslant \frac{4\beta}{x} + \int_{\frac{2}{x}}^{1-\frac{2}{x}} \zeta_3\left(S_{xu}^* \sqrt{u}, \ Z_1\sqrt{u} \right) du \\
&\quad + \int_{\frac{2}{x}}^{1-\frac{2}{x}} \zeta_3\left(\widehat{S}_{x(1-u)}^* \sqrt{1-u}, \ Z_2\sqrt{1-u} \right) du
\end{aligned}
$$

$$= \frac{4\beta}{x} + 2\int_{\frac{2}{x}}^{1-\frac{2}{x}} \zeta_3\left(S_{xu}^* \sqrt{u},\ Z\sqrt{u}\right) du$$

$$= \frac{4\beta}{x} + 2\int_{\frac{2}{x}}^{1-\frac{2}{x}} u^{\frac{3}{2}}\zeta_3\left(S_{xu}^*,\ Z\right) du$$

$$= \frac{4\beta}{x} + 2\int_{\frac{2}{x}}^{1-\frac{2}{x}} u^{\frac{3}{2}}\theta_{xu} du,$$

其中, Z, Z_1, Z_2 为满足引理 8.2 要求的随机变量, $\mathfrak{F}_1^{(2)}$ 为定义 2.5 中所定义的集合.

固定 $\varepsilon > 0$, 令 $\delta > 0$ 足够小, 使得 $\beta\delta^{\frac{5}{2}} < \varepsilon/8$. 对任意固定的 $\delta > 0$, 当 x 足够大时, 有

$$\frac{4\beta}{x} < \varepsilon/10,$$

$$\frac{2}{x} < \delta,$$

$$\sup_{\delta \leqslant u \leqslant 1} \theta_{xu} < \theta^* + \varepsilon.$$

所以,

$$2\int_{\frac{2}{x}}^{\delta} u^{\frac{3}{2}}\theta_{xu} du \leqslant 2\beta\int_{\frac{2}{x}}^{\delta} u^{\frac{3}{2}} du \leqslant 2\beta\int_0^{\delta} u^{\frac{3}{2}} du = \frac{4\beta\delta^{\frac{5}{2}}}{5} < \varepsilon/10;$$

$$2\int_{\delta}^{1-\frac{2}{x}} u^{\frac{3}{2}}\theta_{xu} du \leqslant 2(\theta^* + \varepsilon)\int_{\delta}^{1-\frac{2}{x}} u^{\frac{3}{2}} du$$

$$\leqslant 2(\theta^* + \varepsilon)\int_0^1 u^{\frac{3}{2}} du < \frac{4(\theta^* + \varepsilon)}{5},$$

其中, β 为常数. 这表明, 当 x 足够大时,

$$\theta_x \leqslant \frac{4\beta}{x} + 2\int_{\frac{2}{x}}^{\delta} u^{\frac{3}{2}}\theta_{xu} du + 2\int_{\delta}^{1-\frac{2}{x}} u^{\frac{3}{2}}\theta_{xu} du$$

$$< \varepsilon/10 + \varepsilon/10 + \frac{4(\theta^* + \varepsilon)}{5} < \frac{4\theta^*}{5} + \varepsilon.$$

所以,

$$\theta^* := \limsup_{x \to \infty} a_x \leqslant \frac{4\theta^*}{5} + \varepsilon.$$

由于 $\varepsilon > 0$ 是任意选取的, 令 $\varepsilon \to 0$, 立得 $\theta^* = 0$, 进而有

$$\lim_{x \to \infty} \zeta_3(S_x^*, Z) = \lim_{x \to \infty} \theta_x = 0.$$

再由定理 2.11, 本定理成立. $\qquad\qquad\Box$

参 考 文 献

丁同仁, 李承治. 1998. 常微分方程教程. 北京: 高等教育出版社.

蒋俊, 苏淳, 冯群强. 2008. 单边区间树分割的最大间隔. 中国科学技术大学学报, 38: 505-508.

刘杰. 2008. 随机树中一些变量的极限定理. 中国科学技术大学.

苏淳, 缪柏其, 冯群强. 2006. 随机二叉搜索树的子树. 应用概率统计, 22: 304-310.

徐俊明. 1998. 图论及其应用. 合肥: 中国科学技术大学出版社.

严蔚敏, 吴伟民. 1997. 数据结构 (C 语言版). 北京: 清华大学出版社.

Aldous D, Pitman J. 2000. Inhomogeneous continuum random trees and the entrance boundary of the additive coalescent. Probability Theory and Related Fields, 118(4): 455-482.

Backhausz A. 2011. Limit distribution of degrees in random family trees. Electronic Communications in Probability, 16(1): 29-37.

Bakhtin Y. 2010. Thermodynamic limit for large random trees. Random Structures & Algorithms, 37(3): 312-331.

Balding D, Ferrari P A, Fraiman R, Sued M. 2009. Limit theorems for sequences of random trees. Test, 18(2): 302-315.

Barbour A, Holst L, Janson S. 1992. Poisson Approximation. Oxford: Oxford University Press.

Bergeron F, Flajolet P, Salvy B. 1992. Varieties of increasing trees. Lecture Notes in Computer Science, 581: 24-48.

Bollobás B. 1998. Modern Graph Theory. New York: Springer-Verlag.

Borovkov K, Vatutin V. 2006. On the Asymptotic Behaviour of Random Recursive Trees in Random Environments. Advances in Applied Probability, 38(4): 1047-1070.

Cayley A. 1857. On the theory of the analytical forms called trees. Philos. Mag., 13(4): 172-176.

Chan D Y C, Hughes B D, Leong A S, et al. 2003. Stochastically evolving networks. Physical Review E, 68(6): 066124.

Chern H, Hwang H, Tsai T. 2002. An asymptotic theory for Cauchy-Euler differential equations with applications to the analysis of algorithms. Journal of Algorithms, 44(1): 177-225.

Chyzak F, Drmota M, Klausner T, Kok G. 2006. The distribution of patterns in random trees. Combinatorics Probability and Computing, 17(1): 21-59.

Deák A. 2014. Limits of random trees. Acta Mathematica Hungarica, 141(1/2): 185-201.

Devroye L. 1986. A note on the height of binary search trees. Journal of the ACM (JACM), 33(3): 489-498.

Devroye L. 1988. Applications of the theory records in the study of random trees. Acta Information, 26(1/2): 123-130.

Devroye L. 1991. Limit laws for local counters in random binary search trees. Random Structures and Algorithms, 3: 303-315.

Devroye L. 2003. Limit laws for sums of functions of subtrees of random binary search trees. SIAM Journal on Computing, 32: 152-171

Devroye L. 2005. Applications of stein's method in the analysis of random binary search trees// Chen L, Barbour A, eds. Stein' Method and Applications. Singapore: National University of Singapore, 5: 247-297.

Devroye L, Lu J. 1995. The strong convergence of maximal degrees in uniform random recursive trees and dags. Random Structures and Algorithms, 7(1): 1-14.

Devroye L, McDiarmid C, Reed B. 2002. Giant components for two expanding graph processes//Mathematics and Computer Science II. Basel: Birkhäuser.

Devroye L, Neininger R. 2004. Distances and finger search in random binary search trees. SIAM Journal on Computing, 33(3): 647-658.

Dijkstra E W. 1959. A note on two problems in connexion with graphs[J]. Numerische Mathematik, 1(1): 269-271.

Dobrow R. 1996. On the distribution of distances in recursive trees. Journal of Applied Probability, 33(3): 749-757.

Dobrow R, Fill J. 1999. Total path length for random recursive trees. Combinatorics, Probability and Computing, 8(4): 317-333.

Dobrow R, Smythe R. 1996. Poisson approximations for functionals of random trees. Random Structures and Algorithms, 9(1/2): 79-92.

Drmota M. 2001. An analytic approach to the height of binary search trees. J. ACM, 29(1): 89-119.

Drmota M. 2003. An analytic approach to the height of binary search trees II. J. ACM, 50(3): 333-374.

Euler L. 1736. Solutio problematis ad geometriam situs pertinentis. Comment. Academiae Sci. Imp. Petropolitanae, 8: 128-140.

Feng Q, Hu Z. 2011. On the Zagreb Index of Random Recursive Trees. Journal of Applied Probability, 48(4): 1189-1196.

Feng Q, Mahmoud H. 2010. On the variety of shapes on the fringe of a random recursive Tree. Journal of Applied Probability, 47(1): 191-200.

Feng Q, Mahmoud H, Panholzer A. 2008. Phase changes in subtree varieties in random recursive and binary search trees. So Siam Journal On Discrete Mathematics, 22(1): 160-184.

Feng Q, Mahmoud H, Su C. 2007. On the variety of subtrees in a random recursive tree. Technical report, The George Washington University, Washington, DC.

Fill J A. 1996. On the distribution of binary search trees under the random permutation model. Random Structures & Algorithms, 8(1): 1-25.

Fill J, Kapur N. 2005. Transfer theorems and asymptotic distributional results for m-ary search trees. Random Structures and Algorithms, 26(4): 359-391.

Flajolet P, Gourdon X, Martinez C. 1997. Patterns in random binary search trees. Random Structures and Algorithms, 11(3): 223-244.

Fuchs M. 2012. Limit theorems for subtree size profiles of increasing trees. Combinatorics, Probability and Computing, 21(3): 412-441.

Fuchs M, Hwang H, Neininger R. 2006. Profiles of random trees: Limit theorems for random recursive trees and binary search trees. Algorithmica, 46: 367-407.

Fuchs M, Holmgren C, Mitsche D, Neininger R. 2021. A note on the independence number, domination number and related parameters of random binary search trees and random recursive trees. Discrete Applied Mathematics, 292: 64-71.

Gastwirth J L. 1977. A probability model of a pyramid scheme. The American Statistician, 31(2): 79-82.

Gastwirth J, Bhattacharya P. 1984. Two probability models of pyramids or chain letter schemes demonstrating that their promotional claims are unreliable. Operations Research, 32(3): 527-536.

Goh W, Schmutz E. 2002. Limit distribution for the maximum degree of a random recursive tree. Journal of Computational and Applied Mathematics, 142: 61-82.

Grossman R , Larson R G. 1989. Hopf-algebraic structure of families of trees. Journal of Algebra, 126(1): 184-210.

Grübel R, Kabluchko Z. 2016. functional central limit theorem for branching random walks, almost sure weak convergence and applications to random trees. The Annals of Applied Probability, 26(6): 3659-3698.

Holmgren C, Janson S. 2015. Limit laws for functions of fringe trees for binary search trees and random recursive trees. Electron. J. Probab., 20(1): 1-51.

Itoh Y, Mahmoud H. 2003. One-sided variations on interval trees. Journal of applied probability, 40(3): 654-670.

Itoh Y, Mahmoud H, Smythe R. 2006. Probabilistic analysis of maximal gap and total accumulated length in interval division. Statistics & Probability Letters, 76(13): 1356-1363.

Janic M, Kuipers F, Zhou X, van Mieghem P. 2002. Implications for QoS provisioning based on traceroute measurements// From QoS Provisioning to QoS Charging. Berlin, Heidelberg: Springer: 3-14.

Janson S. 2004a. Functional limit theorems for multitype branching processes and generalized Pólya urns. Stochastic Processes and Their Applications, 110(2): 177-245.

Janson S. 2004b. One-side interval tree. Journal of the Iranian Statistical Society, 3: 145-162.

Janson S. 2005. Asymptotic degree distribution in random recursive trees. Random Structures and Algorithms, 26(1/2): 69-83.

Janson S. 2006. Left and right pathlenghts in random binary trees. Algorithmica, 46(3/4): 419-429.

Javanian M. 2013. Limit distribution of the degrees in scaled attachment random recursive trees. Bulletin of the Iranian Mathematical Society, 39(5): 1031-1036.

Javanian M, Mahmoud H M, Vahidi-Asl M Q. 2004. Paths in m-ary interval trees. Discrete Mathematics, 287(1/2/3): 45-53.

Johnson N, Kotz S. 1977. Urn models and Their Applications. New York: Wiley.

Kemp R. 1984. Fundamentals of the Average Case Analysis of Particular Algorithms. New York: Wiley.

Kirchhoff G. 1847. Ueber Die Auflösung der Gleichungen, auf welche man Bei der Untersuchung der linearen Vertheilung galvanischer Ströme geführt wird. Annalen Der Physik Und Chemie, 148(12): 497-508.

Kirschenhofer P. 1983. On the height of leaves in binary trees. J. Combinatoris, Information and System Sciences, 8: 44-60.

Knuth D. 1998. The Art of Computer Programming, Vol. 3: Sorting and Searching. 2nd ed. HoboKen: Addison-Wesley.

Kruskal J B. 1956. On the shortest spanning subtree of a graph and the traveling salesman problem. Proceedings of the American Mathematical Society, 7(1): 48-50.

Lent J, Mahmoud H. 1996. Average-case analysis of multiple quickselect: An algorithm for finding order statistics. Statistics and Probability Letters, 28(4): 299-310.

Mahmoud H. 1991. Limiting distributions for path lengths in recursive trees. Probability in the Engineering and Informational Sciences, 5(1): 53-59.

Mahmoud H. 1992. Evolution of Random Search Trees. New York: Wiley.

Mahmoud H. 1995. The joint distribution of the three types of nodes in uniform binary trees. Algorithmica, 13: 313-323.

Mahmoud H. 2000. Sorting: A Distribution Theory. New York: Wiley.

Mahmoud H. 2003a. One-sided variations on binary search trees. Ann. Inst. Statist. Math., 55: 885-900.

Mahmoud H. 2003b. Pólya urn models and connections to random trees: A review. Journal of the Iranian Statistical Society, 2: 53-114.

Mahmoud H. 2004. Random sprouts as internet models, and Pólya processes. Acta Informatica, 41(1): 1-18.

Mahmoud H, Neininger R. 2003. Distribution of distances in random binary search trees. The Annals of Applied Probability, 13(1): 253-276.

Mahmoud H, Smythe R. 1991. On the distribution of leaves in rooted subtrees of recursive trees. The Annals of Applied Probability, 1(3): 406-418.

Mahmoud H, Smythe R. 1992. Asymptotic joint normality of outdegrees of nodes in random recursive trees. Random Structures and Algorithms, 3(3): 255-266.

Mahmoud H, Smythe R. 1995. Probabilistic analysis of bucket recursive trees. Theoretical Computer Science, 144(1/2): 221-249.

Mahmoud H, Smythe R, Szymański J. 1993. On the structure of random plane-oriented recursive trees and their branches. Random Structures and Algorithms, 4(2): 151-176.

Mahmoud H, Ward M. 2015. Asymptotic properties of protected nodes in random recursive trees. Journal of Applied Probability, 52(1): 290-297.

Meir A, Moon J W. 1974. Cutting down recursive trees. Mathematical Biosciences, 21(3/4): 173-181.

Meir A, Moon J W. 1978a. Climbing certain types of rooted trees II. Acta Mathematica Academiae Scientiarum Hungaricae, 31: 43-54.

Meir A, Moon J W. 1978b. On the altitude of nodes in random trees. Canadian Journal of Mathematics, 30: 997-1015.

Meir A, Moon J W. 1988. Recursive trees with no nodes of out-degree one. Congressus Numerantium, 66: 49-62.

Moon J W. 1974. The Distance between Nodes in Recursive Trees. Cambridge: Cambridge University Press, 125-132.

Moore E F. 1957. The shortest path through a maze. Proc. International ymopium on the theory of switching, Part II. Cambridge: Harward University Press.

Munsonius, Olaf G, Rüschendorf L. 2011. Limit theorems for depths and distances in weighted random B-Ary recursive trees. Journal of Applied Probability, 48(4): 1060-1080.

Na H S, Rapoport A. 1970. Distribution of nodes of a tree by degree. Mathematical Biosciences, 6(1): 313-329.

Najock D, Heyde C. 1982. On the number of terminal vertices in certain random trees with an application to stemma construction in philology. Journal of Applied Probability, 19(3): 675-680.

Neininger R. 2001. On a multivariate contraction method for random recursive structures with applications to quicksort. Random Structures and Algorithms, 19(3/4): 498-524.

Neininger R. 2002. The Wiener index of random trees. Combinatorics, Probability and Computing, 11(6): 587-597.

Neininger R, Rüschendorf L. 2004. A general limit theorem for recursive algorithms and combinatorial structures. The Annals of Applied Probability, 14: 378-418.

Panholzer A, Prodinger H. 1998. A generating functions approach for the analysis of grand averages for multiple quickselect. Random Structures and Algorithms, 13(3/4): 189-209.

Panholzer A, Prodinger H. 2004. Analysis of some statistics for increasing tree families. Discrete Mathematics & Theoretical Computer Science, 6(2): 437-460.

Petrov V V. 1995. Limit Theorems of Probability Theory. Oxford: Clarendon Press.

Prim R C. 1957. Shortest connection networks and some generalizations. The Bell System Technical Journal, 36(6): 1389-1401.

Prodinger H. 1993. How to select a loser. Discrete Mathematics, 120(1/2/3): 149-159.

Prodinger H. 1996. A note on the distribution of the three types of nodes in uniform binary trees. Séminaire lotharingien de combinatoire, 38: B38b.

Quintas L, Szymański J. 1992. Nonuniform random recursive trees with bounded degree. Colloquia Mathematica Societas Janos Bolyai, 60: 611-620.

Rachev S. 1991. Probability Metrics and the Stability of Stochastic Models. New York: Wiley.

Rachev S, Rüschendorf L. 1995. Probability metrics and recursive algorithms. Advances in Applied Probability, 27(3): 770-799.

Rote G. 1997. Binary trees having a given number of nodes with 0, 1, and 2 children. Semin. Lothar. Comb.,38:6.

Rösler U. 1991. A limit theorem for "quicksort" RAIRO. Theoretical Informatics and Applications, 25(1): 85-100.

Rösler U. 2001. On the analysis of stochastic divide and conquer algorithms. Algorithmica, 29(1/2): 238-261.

Rösler U, Rüschendorf L. 2001. The contraction method for recursive algorithms. Algorithmica, 29(1/2): 3-33.

Sedgewick R, Flajolet P. 1996. An Introduction to the Analysis of Algorithms. Hoboken: Addison-Wesley.

Shi Z, Yang W. 2009. Some limit properties of random transition probability for second-order nonhomogeneous Markov chains indexed by a tree. Journal of Inequalities and Applications, (1): 1-10.

Sibuya M, Itoh Y. 1987. Random sequential bisection and its associated binary tree. Annals of the Institute of Statistical Mathematics, 39(1): 69-84.

Smythe R, Mahmoud H. 1994. A survey of recursive trees. Theorya Imovirnosty ta Matemika Statystika, 51: 1-29.

Stufler B. 2015. Random enriched trees with applications to randomgraphs. Electronic Journal of Combinatorics, 25(3): 3-10.

Stufler B. 2019. The continuum random tree is the scaling limit of unlabelled unrooted trees. Random Structures & Algorithms, 55: 496-528.

Su C, Feng Q, Hu Z. 2006. Uniform recursive trees: branching structure and simple random downward walk. Journal of Mathematical Analysis & Applications, 315(1): 225-243.

Sylvester J. 1878. Chemistry and algebra. Nature, 17(432): 284-284.

Szymański J. 1987. On a nonuniform recurisve tree. Annals of Discrete Mathematics, 33: 297-306.

Szymański J. 1990. On the maximum degree and the height of a random recursive tree// Karonski M, Jaworski J, Rucinski A, eds. Random Graphs 87. New York: Wiley: 313-324.

Tetzlaff G T. 2002. Breakage and restoration in recursive trees. Journal of Applied Probability, 39(2): 383-390.

van der Hofstad R, Hooghiemstra G, van Mieghem P. 2002. On the covariance of the level sizes in random recursive trees. Random Structures and Algorithms, 20(4): 519-539.

van Mieghem P, Hooghiemstra G, van Der Hofstad R. 2001. On the efficiency of multicast. IEEE/ACM Transactions On Networking, 9(6): 719-732.

Zolotarev V M. 1976. Approximation of distributions of sums of independent random variables with values in infinite-dimensional spaces. Theory of Probability and Its Applications, 21(4): 721-737.

Zolotarev V M. 1996. Ideal metric in the problem of approximating distributions of sums of independent random variables. Theory of Probability and Its Applications, 22(3): 433-449.